Best Time

白马时光

今天休息一下

〔韩〕孙力灿 著 孟锐涵 译

百花洲文艺出版社
BAIHUAZHOU LITERATURE AND ART PRESS

图书在版编目（CIP）数据

今天休息一下 /（韩）孙力灿著；孟锐涵译．— 南昌：百花洲文艺出版社，2022. 6
ISBN 978-7-5500-4712-9

Ⅰ．①今… Ⅱ．①孙… ②孟… Ⅲ．①人生哲学—通俗读物 Ⅳ．① B821-49

中国版本图书馆 CIP 数据核字（2022）第 073828 号

江西省版权局著作权合同登记号：14-2022-0026
오늘은 이만 좀 쉴게요 (I GET SOME REST TODAY)

今天休息一下 JINTIAN XIUXI YIXIA

〔韩〕孙力灿 著 孟锐涵 译

出 版 人	章华荣
出 品 人	李国靖
特约监制	王俊艳
责任编辑	刘 云
特约策划	王俊艳 刘丽娟
特约编辑	刘丽娟
封面绘图	阿 彤
封面设计	小要设计
版式设计	橙 子
版权支持	程 麒
出版发行	百花洲文艺出版社
社 址	南昌市红谷滩区世贸路 898 号博能中心 I 期 A 座 20 楼
邮 编	330038
经 销	全国新华书店
印 刷	天津融正印刷有限公司
开 本	787mm × 1092mm 1/32
印 张	7.5
字 数	84 千字
版 次	2022 年 6 月第 1 版
印 次	2022 年 6 月第 1 次印刷
书 号	ISBN 978-7-5500-4712-9
定 价	49.80 元

赣版权登字：05-2022-73

发行电话 0791-86895108 网 址 http://www.bhzwy.com
图书若有印装错误，影响阅读，可向承印厂联系调换。

— 前言 —

我们从小被灌输出人头地才能获得认可的观念，所以暂时卸下沉重的责任、过度的负担，对于我们而言是陌生的、带有负罪感的。因为我们在意他人的看法，所以投身到激烈的竞争中去，然后在这个只有保护自己才能生存下来的世界上努力挣扎，不断地承受压力和疲惫。只要我们还活在世上，生活在现实生活之中，或许就无法避免这种压力。

众多的想法会像浪潮一样瞬间涌向我们，我们必须掌握驾驭浪潮的方法。尊重自己的人生的同时，正确地对待他人的方法并没有唯一答案。即便是知晓伟大学者的哲学思想，如果不能将之运用在自己身上，那它也不过是知识而已。我们的生活不断地受到各种影响，海量的信息、社会氛围以及他人的看法。于是人们的内心开始动摇,外在和内心之间开始出现裂缝。如果这时候想要稳住重心，就需要休息。当然，如果想要好好休息，首先就要整理好大脑中的想法。要先处理好之前受到的伤害，或者那些伤脑筋的事情。

我观察过很多人的生活，并且倾听了很多故事，然后我发现大部分问题出现在人际关系上——也就是自己和他人的关系上。坦率而言，为人处世的方法因人而异，所以我不会勉强自己找到所谓的正确答案。

我会想说，哦，原来还有这样的观点。我不期待让自己的想法成为正确答案，只希望能在别人解决问题的时候，提供一些帮助。

请先合上书，闭上眼睛。仅仅是闭眼这个动作，就能够帮助我们静下心来。请大家一定要试一下。

然后希望大家对那些阻碍我们休息的绊脚石说：

“今天休息一下。”

希望大家在读这本书的时候，能够暂时放下脑海中纷杂的想法，度过一段舒适的时光。希望大家可以找到真正得到休息的方法。

c o n t e n t s

目录

Part 1 我们无法爱所有人，也无法让所有人爱我们

关系越亲密，伤害越大 002
有时变得亲近，也是一种危险 004
不需要向所有人解释 006
利用对方弱点的人 008
不要与别人的高光时刻进行比较 011
如何应对那些假装担心你的人 014
要共情到什么程度呢 017
对于讨厌我的人 019
一定存在辨伪存真的契机 021
那些守护我的人 023
区分自己人的方法 026
朋友，我选择的家人 028
浏览联系人列表 030
等级主义 032

c o n t

要一一应对那些在背后诽谤你的人吗 035

这种关系要维持下去吗 038

我们要更好地表达自己 040

当面对好友感到自卑时 043

需要忠告和不需要忠告的瞬间 046

前辈和后辈 050

对于优越感的错觉 053

消除误解的黄金时机 055

如果今天是最后一面 058

不要以为自己对别人了如指掌 061

也有可能吧 063

保持适当距离的理由 066

减少情绪波动的 5 种方法 068

无论别人怎么想，你都是珍贵的 072

e n t s

目录

Part 2

修正关于自尊心的荒谬剧本

不要被身边人的评价所左右 078

学会适可而止 080

整理矛盾 082

找回丢失的自尊 085

如何面对负面情绪 087

当情绪突然涌上来时 089

低自尊和高自尊的人物特征 092

听到“加油”，可以不做回应 094

让时间拥有意义 096

隐藏在“没关系”里的心事 098

无悔的选择 102

每天至少有一次积极的想法 104

随着年龄的增长我明白的 8 件事 107

自我贬低与自谦的区别 111

在情绪混乱时保持自我 114

接纳忧郁，才能摆脱忧郁 116

跌倒了也没关系，最终都会好起来的 119

c o n t

Part 3

充满泪水和后悔的爱，让我变得成熟

不要去改造别人 124
你的存在本身就是莫大的安慰 126
发现对方的珍贵 129
为何无法隐藏失落 132
如何放下执着 134
对所爱的人残忍 136
通过爱情走向成熟 139
尽情憎恨，尽情思念 142
直到对你说出分手 145
离别会给人带来巨大伤害的理由 147
被熟悉感欺骗而懈怠 149
不要把爱的决定权交给别人 151
爱情不是 100 分就是 0 分 155
有些相遇是命中注定，有些别离是无可奈何 157
爱情将矿石变为宝石 159
我想遇见这样的人 162
成熟恋爱的 6 大提示 164

目录

Part 4 人生是美好的，只是偶尔有点儿糟糕

再次确认，防止失误 170
体力的重要性 172
带来幸运的习惯 174
即使无法每天幸福，也可以每天微笑 177
可以期待，但不要失望 179
面对“你好像有点儿敏感”的好言提醒 182
对于抑郁症的认知 185
如果我们交换了性别 188
想去看大海 191
我以为自己一辈子都不会原谅妈妈 1 193
我以为自己一辈子都不会原谅妈妈 2 196
把别人的好意看作理所当然 201
用语言的力量守护自己 203
如果对人生感到怀疑 205
人生是一个潘多拉盒子 207
为何要观照自己的内心 213
推拉欲望 215

c o n t e n t s

目录

人不是在改变，而是在成长 217

对于旅行的看法 219

虽然抱歉，但今天我要休息一下 223

结语 226

Part 1

我们无法爱所有人，也无法让所有人爱我们

关系越亲密，伤害越大

相爱的人之所以会争吵不断，是因为在他们的身体和心灵都距离很近时，相互之间微小的想法也会产生冲突。即便是最亲近的朋友，也会因为小小的冲突瞬间闹僵。如果能够和解，和好如初，自然是万幸。可是一不小心就会变得无法挽回。虽然这让人觉得伤心，但人际关系就是这样。

特别是家人之间，更是矛盾不断。我们无法选择家人，也无法轻易与他们断绝关系。如果你因为家人受到了伤害，我建议你暂时远离家人，最好能够独立生活。如果现实情况不允许，还有一种方法，那就是除了睡觉时间之外，其余时间都在其他的场合度过。这也算是尽量避开家人的一种战略。同时，希望大家在远离家人期间，能够专注于提升自己的涵养。做到心有余力，经济宽裕，以至于可以轻松地包容他们。

无论对人还是对物，**越是喜爱、珍视，越会因为对方小小的瑕疵受到大的伤害。**对于家人这种过于亲近的关系，也同样如此。不知你今夜是否也彻夜不眠，为此苦恼。那些让人又爱又恨，又恨又爱的人啊，包括家人、朋友、恋人、亲戚、邻居等，为了能够互相照顾，改正错误而共同努力，有着非常珍贵的意义。

有时变得亲近，也是一种危险

“如果不想在人际关系中受到伤害，就保持适当的距离。”

这是大家认同的观点。但是想要保持距离并不像说的那般轻松。应该怎样去做呢?

假设你结识了一个新朋友，正在和对方相互了解。有的人会通过聊天来加深感情，但等到了某个瞬间，关系就不再有进展了。放下一段停滞不前的关系很容易。难以处理的是在交情不够深的情况下，放下一段曾努力过的关系。在这种情况下，当我们听到带有攻击性的话语，或者面临一些误会时，就很难冷静地做出判断。

当和自己信任的朋友或者同事闹别扭时，曾经向他们倾诉的苦恼都变成了自己的弱点，甚至连性质也变了。基于信任向对方吐露的实情被歪曲和夸张，变成一把锋利的飞镖刺向自己。曾经付出的真心，最终变成了诋毁自己的工具，这让人觉得很讽刺。

如果朋友知道自己的弱点仍然给予尊重，如果自己吐露的真心换回了对方的理解，那么是非常值得开心和感激的。问题在于这种朋友可遇而不可求，所以我们在和别人建立情谊的时候，会苦恼自己“要坦诚到什么程度呢”，然后小心翼翼地和对方交流，这才是真实的现状，想想真是令人感到悲哀。

不需要向所有人解释

我有一段时间会定期参加读书会，因为觉得每天和朋友之间总是聊相似的话题，希望有人能用不一样的眼光来打量我。我好奇自己与别人的日常、故事，想要通过他们发现一个新的自我。

在读书会上，我和成员们自由地分享各自的想法，讨论的时候，会因为有了“这个人还真不错”的想法而开心。聆听别人的思想碎片，就像是读一篇文章；窥探别人的人生，就像是读一本书。

当然，并不是只有令人愉快的事情会发生，就像故事的结局不是每次都会像童话一样幸福圆满。会有人对我的价值观持否定态度，也会有人只看到了我的一面就对我产生偏见。关系破裂也只是一瞬间的事情。

有时在对他有更深的了解之前，就已经和他疏远了。两个人之间的情分如何，并不取决于对方的为人，而是看他是否和我站在同一立场。一种充满偏见和评判的氛围会给团体带来不好的影响。如果关于某人的谣言在传播，比起去分辨真假，更多人会直接听信。

由误会铺垫的对话很难和解。虽然我们最好还是不要做有损自己名声的事情，但是如果有人对自己持有偏见，说自己的闲话，没有必要刻意地针锋相对，也无须对他费心。如果顾及自己的名声，那么就向多数人展示出他们想看到的样子。

把自己的真诚、率直的一面留给少数人，这样做就足够了。

利用对方弱点的人

犯罪心理学认为，施害者会对受害者洗脑，让他们进行自我反省。通过告诉他们“这些事情都是因为你才发生的，责任在于你”来将自己的暴力行为合理化，从而控制局面。我们在书店的畅销书一角，经常可以看到心理学书籍，这些书之所以一直受欢迎，或许是因为人们对于自己的心理，乃至他人的心理有着普遍的关心。

正如我前面提到的犯罪心理学的例子，我们经常会遇到施害者向受害者洗脑的情况。在人际关系中处于不利地位的人，也就是说相当于“乙方”角色的人，会把责任揽到自己身上。即便是双方的问题，或者因为“施害者”的原因造成的问题，“受害者”依然认为是自己的错误，责任在于自己。而且担任了“甲方”角色的人，并不会矫正对方的想法，而会不断地利用这一点，甚至有时还会主动想要在对方脑海中埋下这种想法的种子。这就是“心理操纵”。如果你一旦和某个人建立了这种关系，就很难期盼对方慈悲。因为你越委曲求全，对方越有自信，越嚣张。如果有人想要控制你，那么应对的方法就是让自己变得坚定。无视对方，或者使用像“啊，是这样”“是，是的呢”这样简短、乏味的回答。如果你没有做出任何他们期待的反应，那么对方就会对你失去兴趣。无论对方如何将责任转嫁给你，都不要觉得自己错了，不要自责。对方的话只需随便听一听，然后选择忘记，不要让这些话对自己产生任何影响。

不要因为对方仿佛高高在上的样子就感到畏惧。

无论什么性别，处于怎样的地位，是什么年龄，所有人都应该是平等的。在交友、恋爱时，也要以建立平等的关系为前提。不要因为对方年龄小就冷待他，也不要因为对方年龄大就无条件地应承。互相学习对方的长处，改正自己的短处，互相配合，才是一段良性关系的根本。

不要与别人的高光时刻进行比较

在这个世界上，**最浪费感情的事情就是和他人进行比较。**

当然，我偶尔也会和他人进行比较，如果感到自己处于劣势，这种比较会让我拥有奋发的动力。但我进行比较的程度也就止步于此，不会超过这个范围。过度的比较只会让人更加自责，由此受到伤害和折磨。

和别人进行比较之所以没有意义，最大的原因是你所羡慕的别人的样子是他的高光时刻。将别人在精心设计的角度和构图之下，修图之后展示出的样子，和自己平常憔悴的样子进行比较，从一开始就是一种错误。而且人类比较矛盾的一点是会互相羡慕对方身上那些自己没有的东西。不要将自己与别人进行比较，然后独自受伤。让我们感恩自己所创造的成果，并且去热爱它们吧。

羡慕他人，其实是在憧憬对方身上的某种特质。不要想着去成为他人，我们可以追求他人的某种特性，并且将它融入自己的个性之中。对于处于底层的人而言，只剩下向上爬的路了。而已经向上爬了一段距离的人，保持好目前的状态就好。这可能会很容易，也可能会很困难，无论如何，如果我们要继续向前，只需要慢慢地在自己相信的道路上前行就好。

去思考怎么运用自己所拥有的，或许比起去羡慕他人的所有更加有用。

如何应对那些假装担心你的人

20 岁刚出头的时候，我一无所有。无论我如何握紧拳头，手中的东西也会像沙粒一样从指缝溜走。那个时候，任何人都没想到我会痴心妄想成为一名作家。我也觉得自己过于渺小，所以从没有告诉过别人自己的作家梦。但我依然在空旷的图书馆搜集素材，立志成为一名有影响力的作家，同时也拥有了一段认真审视自己生活的时光。后来，我的随笔在 2018 年出版了，从这之后，我才可以堂堂正正地向别人介绍自己是个作家。

我没想到自己真的能够实现梦想，所以一度把它藏了起来。当时我十分畏惧告诉周围人自己的梦想。因为我觉得，如果告诉周围人自己的梦想，他们会说“你怎么靠写文章为生呢”“又不赚钱，为什么要去做呢。写文章也就只能当成个人兴趣吧”。所以我安静地写自己的文章，并且出版了第一本书。我想即便是我出书的事情传开了，也不过是给了周围人一个评判我的机会罢了。

后来我在进行咨询的时候，发现很多人在实现目标的过程中，都无法忍受别人的目光。对这些人来说，如果周围人对自己做的事情感到不满，他们就会感到有负担。能够发表某种宣言其实是一件十分了不起的事情。但是如果没有信心实现自己的宣言，那么保持沉默也是守护自己梦想的一种方式。关于前途和梦想的话题，还是和那些真正支持自己的人去谈吧。如果身边没有这样的人，可以和那些同自己有着相似目标的人亲近。有一些人总是关心别人的事情，总是与人针锋相对，寻找诽谤别人的口实。如果能够做到不被这些人的话所影响，就可以堂堂正正地宣布自己的目标。但是如果没有信心战胜他人的评判，那就等待自己取得了一些成果，有了成就感之后再公开吧。

成就感可以增强人的自信，而成果可以保护自己的自尊不受伤害。

我到目前为止也只会向别人透露自己能够承受的部分，而不去谈论遥远的计划。本来嘛，所谓的目标，在被证明之后再公开，才会显得当事人更加潇洒。把你内心深处的梦想像宝物一样珍藏起来吧！

等你实现了梦想就会明白，达成心愿的人，内心总有一种可以让人变得火热的动力，并且他们永远不会忘记这一点。

要共情到什么程度呢

没有比缺乏共情能力的人更会让周围的人感到不适了。但如果无论怎么努力都无法做到共情，对方又希望被共情，那也会让人感到为难。虽然自己尽力去理解对方的立场，但也存在无论如何都无法理解对方的情况。在这种时候，就会让人苦恼，是坦率地告诉对方“好像不是那样”，还是先表示理解，然后再说出自己的想法呢？

向我进行咨询的人，相较于得到建议，更多的人抱着的是一种“请听一听我的想法”的意图。也就是说，他希望对方能够完全同意自己的看法。如果有人对他已经认同的事情进行反驳，那么他会做出怎样的反应呢？从对方开始反驳的那一刹那，对方于他而言就不是一个“好人”了。

人类是富有共情能力的。而且在人的一生中，确实有一些瞬间需要我们去共情（比如附和上司的话，比如即使恋人做错了也要原谅对方）。此外也还有很多情况需要看人眼色行事，不管怎样，希望大家记住这样一个事实：与人共情并不是一种义务。无论是吐露自己心思的人，还是倾听的人，都是一样的。如果只是萍水相逢的人，也不必勉强自己进行共情。如果和对方经常来往，还是要先倾听对方的话，但也不要硬撑，要尽快转移话题。你越表示共情，对方就会越激动，会没完没了地讲那些让你觉得厌烦的话。转移话题就是为了防止这样的情况出现。共情也是一种情感劳动。如果你对此做不到游刃有余，就适当地点头表示赞同，然后自然而然地转移话题吧！

对于讨厌我的人

就像喜欢一个人没有理由那样，讨厌一个人也没有具体的理由。刚刚还在与你交谈甚欢，笑着与你告别的人，可能内心也在讨厌你。可能表面上对你很和气，一转身就开始讲你的坏话。

我每天都在进行咨询和交流，很多人因为被某个特定的人所讨厌，并为此伤心。每当这时，我都会坚定地对他们说："对于那些习惯毫无理由诽谤别人的人，最好从一开始就保持距离。如果后知后觉才发现这一点，那就从发现的那一刻起保持距离。身体、内心都要尽量与他远离。除非是你想要与之相斗。"

想要在讨厌自己的人面前好好表现，结果只能让自己受伤，并不会有任何收获。就像你无法去爱所有人，同样也不要期待得到所有人的爱。没有必要为那些讨厌自己的人花费心思，甚至失去自我。这是一个人类寿命可以达到120 岁的时代，但即便把注意力全部集中在自己所珍视的人身上都还不够用呢。只是，从那些与自己有矛盾的人身上，可以学习到自己存在哪些问题，与哪些人合不来。当然，对于毫无理由讨厌自己的人最好还是避开。但是没有人会捂住第三者的耳朵，如果产生了误会，就需要你亲自进行解释了。

人际关系是无法随心所欲的，与此同时，人际关系又可以按照自己的意愿去打造。交往的过程虽然各不相同，最终该留下的人总会留下，该走的人总会离开。

我们只需要和那个最终适合的人建立起深厚的情谊，就足够了。

一定存在辨伪存真的契机

我一度过于在意别人的看法，因为我想要和别人和谐共处。但不知从何时起，我的善意在他们看来变成了理所当然。在我感觉到情况不对的时候，已经很难去扭转局面了，所以就自然而然地选择了放弃努力。

“好吧，我还是忍耐一下吧，不想把事情搞大了。”

但这真的是最好的选择吗？如果你下定决心要忍耐，我也不会去阻止你，但我还是想明明白白地告诉你，当你在一段关系中感到疲惫，那么这段关系就是有问题的。关系是靠两个人的努力进行维持的，为什么只有一方感到疲惫呢？

尽力去照顾对方，尽力去忍耐，对方依然没有做出改变，只有你一个人在这段关系中战战兢兢，还不如对这段关系进行整理。如果对方不和你沟通，也不理解和尊重你，就不要再为他浪费感情了。即便你试图和他拉开距离，或者断绝关系，也没必要为此觉得自己是个坏人，别人也没有指责你的权利。有错的一方，应该是旁观你被伤害得遍体鳞伤的人。

没有比执着于一段永恒的关系更愚蠢的行为了。所以，让我们考虑重新出发，借此机会重新定义一下我们的价值观怎么样？

那些守护我的人

在做第一份工作的时候，我乘坐高速大巴上下班，每次下车前我都会向司机表示感谢。高速大巴出事故的消息在新闻中时常出现，但那大半年我乘坐的大巴车从未出过交通事故，所以我觉得感恩。虽然司机也只是在履行工作职责，但我还是想向他们致谢——“他们在努力守护着我的日常生活。”

如果没有这些人的努力，我的身心不会像现在一样健康，我的生活会变得非常不方便。在这世上，没有什么是理所应当的。我的生活之所以维持安宁，是因为如同空气一般的令人熟悉的环境总是在照常运转。所以我心存感激。

一直支持我、在我身边的人是多么重要啊。如果那些本来要和自己一起度过余生的人，突然间离开了这个世界，我们就会明白，他们的存在不是理所当然的。

如果你一直因为害羞，或者出于自尊心没能表达自己的心意，那么请鼓起勇气向对方告白吧，哪怕只是说一句话——早晨在离家之前，对准备了早饭的父母，简单地说一声“辛苦了”；对正在经历痛苦的朋友，关心他们是否安好，说一句带给他们力量的话；或者对恋人用一句“我爱你”开启新的一天……他们或许已经做出了这些表现，只是你没能察觉到。你仔细想一想，就会发现他们想要传递的信息都是**“认为你很珍贵”**。

区分自己人的方法

为什么人际关系中的矛盾非常恐怖呢？因为在双方争吵、反目的瞬间，就产生了对立，开始诽谤对方，传播对方被夸张了的传闻。没有比讲别人的坏话更有趣的事情了，对于讲坏话的人而言，事情的真相并不重要。

与之相反，也有人选择在真相出来之前不随意表态，而是直接询问当事人真相。如果与对方不是特别亲近的关系，作为当事人就要谨慎发言，不要谈及散布言论的人。如果是值得信赖的人，就可以向他解释真相。

如果想要区分好人和垃圾，就友好地、和善地对待他。好人会想办法报答你，垃圾会逐渐丢掉自己的面具。

——摩根·弗里曼

朋友，我选择的家人

让我惊讶的是，借用朋友的名义利用这份友谊的人比我想象的还要多。人生处于低谷时，虽然很少会有人去关心你，但当你有所成就，能够真心祝福你的人更少。能够在朋友获得成功时不嫉妒、不自卑，和在朋友失败时不感到同情一样困难。此外，如果在自己得意时来亲近自己，在自己跌入低谷时又远离自己，那么他真的能够称为朋友吗？只是因为需要一个聆听者，所以才和对方保持联系，或者把对方视为达成某种目的的手段，那么对方就算不上是朋友，而是情绪垃圾桶。

在自己难过的时候，朋友马上打电话或者跑过来询问出了什么事。当出现了一些关于自己不好的传闻时，朋友一定会找自己确认是否为事实。**真正的友谊就是可以坦诚相待、求同存异，真心对待彼此、尊重彼此的关系。**

有人会问，如果环境变了，地理距离远了，人与人之间不会因此产生心理距离吗？这是毫无疑问的。但是当两个人再次相见，尴尬也不会持续太久，很快就会感到舒适。即便沉默也如同是在交流，即使不经常联系也能彻夜分享这段时间的新鲜事，这就是友谊。我喜欢“朋友就是我自己选择的家人”这句话。在一起时不会感到不安，而是感到平和，这本身就是一种休息。

浏览联系人列表

躺在我列表里的好友有数千名，其中实际联系的人连十分之一都不到。我不是那种会主动联系别人的性格，即便苦恼着要不要询问别人的近况，也只会联系那些经常来往的人。但我有时候会浏览联系人列表，因为列表很长，哪怕只是粗略地浏览，也要花费 30 分钟左右的时间。等做完了这件事情，我又会想“自己真是在做无用功”。英超联赛的教练亚历克斯·弗格森曾经说过“SNS 是对人生的浪费”。这句话的意思是：**将心思花费在毫无意义的人际关系上，是对时间的浪费。**

有一篇以“社交管理”为主题的统计报道显示，87.1%的成年男性和女性认为自己有必要削减自己的社交。他们想要删除那些会给自己带来压力的人的联系方式，或者想要周期性地整理联系人列表。整理人际关系似乎也成了现代人的一种生活习惯。

但在大家心里都会有一种隐约的期待——鼓起勇气联系别人就能够重拾起一段情谊。因为会纠结或许有人和自己抱着同样的想法，所以抱着一种试试看的心理拿着手机犹豫不决。如果一次问候就可以重拾情谊，那真的是一件魔法般神奇的事情。如果把浏览联系人列表的行为看成一种“偶然”，那么利用“偶然”制造“缘分”的方法就是按下信息的发送键，而不是对此感到难为情。

等级主义

在韩国的学生时代，每个班级都有那么一群人，掌控着班级的氛围，在同学之间高高在上。甚至有同学甘愿主动降低自己在群体中的身份，只为了成为该群体中的一员。班级里的这种风气现在依然没有什么改变。甚至在未来，这种通过论资排辈来划分等级的团体文化应该也不会轻易消失。

我在学生时期也曾被这种等级主义所累。本以为跨出学校的篱笆之后情况就会好转，但等我走上社会，还是经常能够看到热衷于争夺权力、划分等级的人。如果我们的DNA 里本身就带有争夺权力的习性，那也的确没有办法。

但问题是，一旦定好等级关系，对于经常发生的无礼言行、越线行为，大家也不会当回事。如果等级较低的人提出异议，那么等级较高的人就会用“这种程度的玩笑我们之间还是可以开的”这种话搪塞过去，然后给他贴上“刺儿头”的标签，把他看作破坏气氛的人。另外，等级较高的人还会把别人的亲切看作好欺负，对方越是亲切，对待对方的态度就越随意。

从什么时候开始，勇于表达自己想法的人变成了“刺儿头”呢？在一个团体内，那些影响力比较大，被仰视的人所说的话会得到肯定，而那些无足轻重的人所说的话会被否定。在这种氛围中，发怒的人会被视为奇怪的人，然后用“我们关系亲近才会这样”，或者“如果你觉得不开心怎么不早说”这种轻松的论调平息他的怒气。这种言行不仅会压抑一个人自我表达的自由，也会给当事者带来无法愈合的伤口。

东西是拿来用的，人是拿来爱的。不要搞反了。

——约翰·鲍威尔

要一一应对那些在背后诽谤你的人吗

那些在背后诽谤他人的人心理如下：

1. 嫉妒别人的成功，想要通过贬低别人获得优越感。

2. 本来觉得别人不如自己，结果别人却走到了自己前面，所以产生了危机感。

3. 因为不认可别人，所以觉得别人不值得信任。

4. 没有任何理由，就是心生不满。

5. 附和周边的人去诋毁别人。

6. 享受对别人施加暴力的过程。

7. 本身性格就善于发现别人的缺点。

8. 闲着没事干。

除此之外，这类人还有许多其他的特征，总之就是一群容易陷入自卑的人。这种人只顾着夸大自己的优点，对自己的缺点视而不见。也就是说，他们对自己并不了解。我们没有必要通过这些不自知的人来衡量自己的价值。我们只需明确告知大家自己的想法，没必要浪费时间向那些诽谤自己的人辩明。因为他们已经很讨厌你了，无论你做什么他们都看不惯。希望大家能够相信陪在自己身边的人，平静地走向自己的目的地。

当有人在你背后散布流言，说明你已经走在他的前面了。

这种关系要维持下去吗

曾经有一段时间，在我接收到的咨询邀请中，大部分都是关于在人际关系中遇到的困难。虽然通过来访者的一面之词很难客观地把握具体情况，但神奇的是这些矛盾产生的背景具有共通性。前来咨询的人通常带有这样的逻辑：

“你对我的判断是错误的，你的想法是错误的。我被误会是因为你不信任我，怀疑我。”

用一句话来概括——自己总是正确的。和这种人是无法通过沟通来解决问题的。所谓沟通，是两个人面对面交流，然而其中一方却转过身去自说自话，误会怎么会解开呢。虽然大家都是戴着有色眼镜在看这个世界，但如果以过于狭隘的观点看待矛盾，那么矛盾很难得到解决。这类人还拥有另外一个共同点，即便表面上与对方和解，但仍会在背后诽谤别人，给别人造成压力。可能是因为自卑，所以想要通过打压别人提升自己的存在感，但如果有一天当他能够客观地去看待自己的所作所为，一定会觉得羞耻。

没有人会因为听到了远处传来的狗吠声就和狗一起叫。不要试图可怜那些不明白别人的真心，只是急于保护自己的人。那些话只是听起来有些刺耳，但并不会影响你的人生。如果你依然想问应该如何处理和这种人的关系，那么我就再次明确地说一次：

“你已经经历过一次了，还不知道应该怎么去做吗？”

我们要更好地表达自己

有时候我们很难表达出自己的心意。即便是向对方详细描绘自己在海边所看到的美丽风景，或者给对方看自己在海边拍的照片，对方大概率也只会觉得“看起来还可以，马马虎虎”。人们对于事物的理解常常基于自己所掌握的知识，或者即便一知半解，也会做出已经理解了的样子。

我认为无须完全理解对方所说的话。如果想要完全理解对方，就需要知晓对方的背景，并且在对话过程中高度集中。然而在日常对话中，我们并不会花费这么多的精力。在一段关系中，因为没能传达出自己的真心而受到伤害，是每个人都会遭遇的经历。但是反过来想，我们也并没有时时刻刻关注对方的真心。人类就是如此矛盾而又自私的存在。

但是通过运用一些方法，我们可以更加有效地传达自己的心意。那就是采用和平常不同的方式去表现。即便是“我爱你”这句话，在电话里和当面说的效果也是不一样的。即便是同样的长文，用电子邮件、聊天软件或者亲笔信来传达，效果也是截然不同的。在产生矛盾的时候，用微信发消息很难表现出自己的真诚，或者很难表现出一些微妙的差异，所以奉劝大家最起码也要通过电话，或者亲自见面沟通。

心意也要看如何进行表达。我们可以自由发言，但希望大家能够知道，对方可能会对自己无心的一句话，反复咀嚼上百次。话入耳之后，会在心里扎根。

当然，无论我们如何谨慎发言，都有可能造成误会。

这与其说是因为某一方的错误，不如说是因为自己表达的方式还不够成熟，或者对方可以理解的范围过于狭小。所以为了能够和对方更好地沟通，还需要双方不断地进行协调和努力。

当面对好友感到自卑时

我有一个从中学时代就开始交往的好朋友。当时我们两个年龄都还很小，朋友总是在我面前展示他所掌握的知识。但我当时并不想努力学习，所以每当朋友这样做时，我只会觉得自尊心受到了伤害。于是，我通过向他展示自己独特的才能，来守护自己的自尊心，假装自己很强大。现在回过头来看，只不过是低年级同学之间幼稚的斗气。那么为什么我在朋友面前感到自卑并且深受伤害？或许因为当时我觉得自己不如别人，没有存在的价值吧。虽然我没有什么过人之处，但不想落后于朋友，所以我为了守护自己的价值而挣扎。

曾经那样青涩的我们转眼间就长大成人各奔前程。现在的我们为了自己的梦想在不同的领域奋斗。**我们互相尊重彼此，得益于我们的成熟，我们不会再因为对方而感到自卑。**

如果你在朋友面前感到自卑，并且无法调节这种心理，那么和朋友保持距离也是不错的选择。但也要记住，因为短暂的彷徨，可能会失去珍贵的朋友。自卑心理有时会给人生带来适当的刺激，或者成为人前进的动力，但是过度的自卑也会产生副作用。在持续的紧张状态下，可能会让人犯下无法挽回的失误，甚至走向自我毁灭的道路。无数的小说、电视剧和电影中的人物都在自卑中挣扎，常常做出错误的选择。所以无论是为了自己，还是为了朋友，都要为克服自卑而努力。

克服自卑心理的方法比想象之中要简单。那就是发现自己的强项并且给予认同。大家可以尝试通过以下两种途径找到自己的强项。

第一种方法是回顾自己过去所做的事情。在这些自己所熟悉的事情之中，一定会存在因为自己才取得了成功的情况。在回顾这些的同时对自己进行审视。第二种方法是回想自己从他人那里得到的称赞。如果不记得，可以直接询问身边的人。自己眼中的自己和别人眼中的自己显然会有所差别，或许可以通过别人的评价来发现自己的长处。如果大家能够像这样进行自我回顾，关注自己所拥有的，必然能够发现更多具有价值的东西。

需要忠告和不需要忠告的瞬间

当我们走错了路，或者犯了明显的错误时，能够指出问题的人并不多。因为对方觉得自己可能会由于言论不当造成误解从而招致厌恶，或者认为事不关己。所以如果有一个人能够不在意这些，指出我们所犯的错误，会让人觉得特别踏实。如果没有去关心、爱护一个人，没有真心地为他考虑，只是单纯地讲述一些道理，那么就不算是在给予忠告。

当然，我们并不是要听从所有人的忠告。别人的想法不一定完全适合自己的状况。但是如果对方鼓励你鼓起勇气，面对困难，那么我们首先应该表现出认真聆听对方讲话的态

度。《圣经·旧约·箴言》中提到“智慧之子，受父劝惩；侮慢之人，不听谴责”。这句话告诉我们耐心倾听是十分重要的。对周围人的话充耳不闻，只相信自己是正确的，很快会招致祸患。

那么，在什么情况下我们不需要忠告呢？在自己苦恼了数十次、数百次之后，终于向亲近的人吐露了自己的苦闷，结果却得到了这样的回答：

“不管有多辛苦，你都不该像现在一样抱怨。”

“难道只有你觉得辛苦吗？其他人也是一样的。”

“只要打起精神，大家都可以做到，你为什么不行呢？”

这些话猛然一听似乎十分正确。但是即便是言之有理的话，也不应该以侮辱对方的方式说出来。揣测别人所承受的重担，并且将这种重担进行泛化态度十分危险。当对方说出了自己的苦恼，并且需要共情和安慰时，我们先应该询问对方的心理状态如何，然后给予对方充分的肯定和支持。安抚对方之后，等到对方能够听进去建议时，再把自己的想法整理好告诉对方。等到听完对方的缘由之后，再发表自己的看法也不迟。在朋友感到难过的时候，我们要默默聆听，去理解他的心境。不要像法官一样对他人的苦恼评判是非。不要说话，去倾听；不要批判，去鼓励。**比起忠告，真心的安慰更能给人带来力量。**

前辈和后辈

“我们那个时候。”

所谓“拿铁”，是近来“老顽固”们具有代表性的口头禅。“老顽固”虽然是指那些有权威性的上一辈人，但并不仅仅适用于老年人。在职场、大学、中学，前后辈之间也存在着论资排辈的现象。这是因为 “推粪球”文化是韩国社会根基的一部分。口头说着“拿铁”的前辈们不仅会约束自己的装扮和言行，还会干涉后辈们的私生活。而后辈们如果不接受前辈的管束，不仅会遭到体罚，甚至还会被殴打。高丽大学社会学系的尹麟镇教授对于这种现象做出了以下说明：

“很久以前人们就开始遵从论资排辈，年轻的一代也没有别的应对方法，只能自然而然地沿袭下来。”

当然并不只是前辈会做出这种作威作福的行为，即便前辈尊重、照顾后辈，也常常会有后辈随意越线，或者做出无礼行为的情况。前辈应该努力不把自己曾经遭受的那些不正当待遇强加给后辈，后辈也要注意不要把平易近人的前辈看作“好欺负的人”。只有这样，前后辈间的斗争才会消失，才能建立起良好的关系。

我熟悉的一位护士曾经说过：“我认为不应该用不正当的方式去对待后辈。所以我会努力工作，多帮助后辈。虽然我上有前辈，下有后辈，想要多关照他们确实会比较辛苦，但最终我也得到了认可。我和后辈们相处得很好，看到我培训的那些后辈们耐心地训练他们的后辈，我也感到十分满足。”

不要带有“我曾经受过的辛苦，你也来体验一下吧”这种心理，而是要下定决心**“不要像那些折磨我的人一样去折磨他人”**。当然，如果“平易近人的前辈”这个角色能够延续下去，那也是极好的。

对于优越感的错觉

有些人会过分地夸耀自己与年薪过亿的名人、社会上有声誉的人之间的交情，我无法理解这些人的行为。明明自己并没有什么能力，却想要通过亲近人人物来获得优越感，这种做法对其本人而言并没有任何益处。真正有能力的人从来不会夸耀自己与名人之间的亲密关系——他有可能会去吹捧别人，却不会去抬高自己。

一般情况下，这种利用别人的权威抬高自己的行为，在旁人看来也不怎么讨人喜欢。试图利用他人名声的人，社交范围会变得越来越狭窄，因为身边的人会选择疏远他。

认为自己比别人优越的错觉，最终会让你失去所拥有的一切。虽然现代社会强调一个人要有自信，但过度的自信也会招致别人的嫌恶。

消除误解的黄金时机

“你有什么不满就说出来，你说出来我才会知道啊。”

这是在对方不知道的缘由之下，我们关闭自己的心门时，对方经常会说的一句话。如果想要挽回由于误会而闹僵的关系，就需要和对方进行沟通。而沟通也是存在黄金时机的。因为随着时间的推移，人类的记忆会发生歪曲，受到伤害的心灵会进一步化脓。虽然沟通是解决问题的第一步，但如果第一步迈得迟了，可能还会产生负面的效果。当然，如果在短时间内进行了沟通，问题得到了圆满的解决，然而对方依然在背后胡言乱语，那就不要去理会他——

对方大概率是一个喜欢搬弄是非的人。

所谓“误解”，是指理解产生了偏差，也就是说倾听的人理解错了发言人的意思。实际上从“误解”到“确信”并不需要很长时间，因为大部分人都认为自己的首次理解就是真实存在的事实。所以，如果错过了消除误解的黄金时机，那就等待对方醒悟吧，或者不去理会他，继续走自己的路。

误解在任何情况下都有可能会发生，大大小小的事情都会引起误解。之所以造成误解，可能是因为你的表达方式有问题，或者当时的气氛、状况不佳。也有可能对方并没有认真倾听你所表达的内容，或者对方当时处于一种容易对别人产生误解的心理状态。由此可见，造成误解的原因有很多种，希望大家不要因为被误解而过于神伤。毕竟**事情无法完全按照我们所希望的样子去发展，因为**

无常才是人生的常态。

但是如果有机会消除误解，还是要尽可能地努力争取。这是出于关怀对方，也是一种交往的礼貌，而且归根到底也是为了自己。

如果今天是最后一面

据说人在临死之前，脑海里会像走马灯一样掠过日常生活中的景象。这或许是在暗示我们，那些毫无特别的、平凡的瞬间，才是最珍贵的。

随着年龄的增长，离别变得和相遇一样频繁。突如其来的噩耗会带给我们巨大的失落感，我们安慰那些失去了挚爱的人，陪他们一起度过这段痛苦的时光。但如果我们要一直为了离别而做准备，那么内心肯定是五味杂陈的。

办完父亲的葬礼，站在棺材前的儿子因无法忍受悲痛而倒下，但最终还是重新站了起来。他需要花很长时间才能

接受无法再见到父亲，只能在脑海里想象他生前的样子的事实。在父亲弥留之际儿子暗暗下了决心：今天的相见可能是最后一次了，我要尽我所能做到最好。虽然人无法一直做到尽善尽美，但是很多时候被认为是普通日常的瞬间，却变成了离别前的最后一刻。所以我下定决心做一个时刻懂得珍惜、懂得感恩的人。

不要以为自己对别人了如指掌

不知从何时起，我开始不太信任别人。我会抱着半信半疑的态度，和对方保持适当的距离，并且做好受到伤害的准备。但是如果只有抱着这样的一种警惕，才能在人际关系中站稳脚跟，不让自己跌倒，那就有必要反思一下，对方真的是会让你感到舒适的朋友吗？

如果在一段关系中无法卸下紧张感，那么很难说这段关系会对你有益。我并不是想说对方身上存在问题，只是想说，即便对方是一个十分不错的人，但我们也很难控制这段关系中发生的所有矛盾。所以，对于那些需要警惕的对象，我们不能放下戒心。要把那些当你感到疲惫时可以卸下伪装的人留在身边。和那些能够帮你减轻忧虑和担心的人一起度过片刻时光，就会让你的内心轻松许多。人类并没有强大到可以独自承受所有的重任，解决一切问题。即便有这样的人，数量也不会多。

如果和一个人走得比较近，你可以相信他展示出来的样子是真实的，但不要认为这就是他的全貌。面对即将发生的、数不清的各种状况，我们并不知道他会做出怎样的选择。我们要和他保持一定的距离，并且留出足够的时间去了解对方。哪怕是朝夕相处的父母和子女之间，也存在很多不了解彼此的情况，更不要说两个人之间本就不熟悉的情况了。

也有可能吧

“也有可能吧。”

这是我经常挂在嘴边的一句话。在需要进行批判的时候，这句话可以成为蒙混过关的借口。如果你想要在他人面前显得迟钝，这句话肯定也是有效果的。在我们生活的环境中，每天都会发生数十件事情。其中真正和自己相关的，并没有多少。如果对所有的事情都进行追究，那么人很快就会感到疲惫。如果一直神经过敏，不断积累精神上的疲惫，会给自己的日常生活带来负面的影响。有时候不去费心，选择放下，才能找回内心的安宁。

什么都不做，或者全身心地投入某件事情之中，能够让大脑得到休息，但我们并不总是能够做到这一点。我们需要下意识地清空萦绕在脑海里的杂念。这个方法十分简单，只要扩大对某种事物的理解范围就可以。例如抱着以下想法：

即便我遇到了非常糟糕、非常荒唐的事情，也不要为此而苦恼或烦躁。就当作是长见识了吧。就当作是在研究人类性格的过程中，发现了一个新的研究案例。就像矿物质学家在偶然之间得到了一个非比寻常的矿物标本一样。

——叔本华

这句话的意思是说，在与人交往的过程中，你发现了之前没能发现的事实。当然这种事情不会只发生一次。之后你也会在其他人身上有新的发现。无论你与他的关系是否亲近，你其实都对这个人并不了解——这一事实不会发生改变。通常人们在自己成为父母之后，才会明白这一角色负担的重量。但即便自己成了父母，或许也无法完全理解自己的父母。人的内心就是如此复杂，如果你想要去真正了解，那就没有止境了。

保持适当距离的理由

人际关系中的“距离”是指人们彼此之间不能侵犯，或者不能干涉的领域。一般来说，当两人之间比较生疏、不够亲密的时候，就容易产生距离感。但其实在一段亲密关系中，也有必要保持距离。适当的距离，可以保护我们不受伤害。如果和别人保持了距离，依然在这段关系中受到了伤害，那么就说明还不够独立。

人与人之间的情感非常细腻，也非常复杂。其中爱与恨是其中具有代表性的情感。这种爱恨交加的情感经常发生在家人之间。我认为，**越是难以分割的关系，就越要保持**

距离。如果双方的空间距离变大了，就会以一种新的眼光去看待对方，那么心中的憎恨、愤怒和埋怨，自然而然也会变弱。我长大成人之后，马上独立了起来。因为和妈妈分开生活，我之前对妈妈的愤怒和抱怨也减轻了，甚至想要好好地对待自己曾经那么讨厌的妈妈。

如果你也因为和另一个人距离太近而产生了苦恼，可以试一试暂时远离对方，等整理好自己的想法之后再与之亲近。这样或许会有一番新的感悟。

在生活中，如果我们无法和对方拉开物理上的距离，那么仍是可以和对方保持交际距离。其中的一个方法是不和他过多地谈论私事。日常问候是可行的，但没必要引出那些能够加深感情的话题。如果对方没有给你留下好感，你不想与之亲近，最明智的选择就是少沟通。

减少情绪波动的5种方法

1. 参与一些可以表达情感的活动。

我们不可能时时刻刻都有好心情，所以我们需要知道缓解内心痛苦、悲伤、忧郁、不安等情绪的方法。其中一个比较轻松的方法是从自己的兴趣中获得快乐。比如运动、画画、读书、爬山、游戏等，只要是可以让自己得到释放的活动，都是很好的选择。通过兴趣可以让自己重焕活力，打开心中的郁结，心情也自然会变得明朗起来。

2. 有意识地休息。

我理解大家想要做好所有事情的心理，但是当这种想法越强烈，而实际过程又不太顺利时，人就会产生强烈的自责感。可人生本来就不是完全可以被掌控的，那么就让我们抱着等待下一次机会的心理尽情休息吧。我们想要获取自己所渴求的东西，并不是单单靠努力就可以成功，时机也同样很重要。所以让我们成为一个懂得观察时机，知道应该在什么时候进取，什么时候停下来的人吧。如果我们的内心能够带有这份沉着，也就能够减少一时的情绪波动。

3. 接受情感如天气一样多变的事实。

不要因为情绪起伏太大而自责或害怕。每个人在一天中都会经历几次情绪的变化。如果说人会毫无理由地感到憋闷，那么也会毫无缘由地感到愉快。不要因为感到忧郁就强迫自己振作起来，也不必为了身边的人强行欢笑。

4. 要表达自我。

很多人会压抑自己的情感——就像是在实验自己可以在滚烫的热水中坚持多久一样。他们害怕自己展示出脆弱的一面之后就会崩溃，同时也害怕会被对方同情，所以会压抑内心的情感。但是，没被表达出来的情感绝不会就此沉睡。有的人会在忍无可忍之后突然爆发，这并不是因为他过于敏感，而是因为情绪并不会随着时间的流逝而消失。被压抑的情感终究会重新流露出来——无论以何种方式。所以在平时注意自我情感的表达会更有益身心健康。

5. 把能够让自己平静下来的人放在身边。

综艺节目《孝利家的民宿》中有一个情景让我印象

很深刻。

李孝利问 IU：“你的执念是什么？”

IU 思索了之后回答说：“我好像特别执着于平常心。”“当我感到有些激动的时候，我的心情就会为此波澜起伏。因为我觉得自己失控了……”她习惯于节制情感的表达。

而李孝利说：“我想要少笑一些，少哭一些，减少自己的情绪波动。”然后她对 IU 说：“我们有着相反的性格，那么我们在一起就可以互补了。”

如果是性格相似的人在一起，或许关系会比较稳定，但是很难起到互补的作用。而性格相反的人在一起，就可以互相弥补对方的不足之处。如果你很难控制自己的情绪，那么我建议你多与能够让你平静下来的人相交。

无论别人怎么想，你都是珍贵的

有一个自认为贫穷且微不足道的学生陷入了低谷，他向老师问道："我什么都不想要，也没有人需要我。这样的我，活着有什么意义呢？"

老师微笑着回答说："不要气馁，并不是没有人需要你，绝对不是。"

老师给了学生一幅关于松树的画作。

"你明天去市场上卖这幅画吧，但是无论别人出价多少，你都绝对不能卖。"

学生疑惑地收下了这幅画，第二天在集市的一个角落里叫卖。然后就有人来买画，但是无论别人出价多少，这个学生都不肯把画卖掉，最后集市上所有的人都在议论这幅画。

“这幅画有特别之处。”

“这幅画里肯定藏有什么重要信息。”

就这样，画的价格被越抬越高。

第二天，学生告诉了老师集市上发生的事情。

老师听了之后微笑着说：“明天你拿着画去城里卖吧。”

学生听从老师的话，带着画来到了繁华的城市。画的价格涨到了前一天的20倍。关于画的消息传开之后，人们开始尊称这幅画为“作品”。还有人询问学生要不要和其他的作品一起举办一场展览会。

学生回去之后告诉了老师城里发生的事情，老师满意地笑着说：“就像这幅画一样，人的价值取决于周边的环境。越是有个性的画，每个人对于画的看法也越不相同。即便是微不足道的一幅画，在不同人的眼中它的价值也会有所不同。你不觉得自己就像这幅画吗？最重要的一点是，只有你珍视自己，你的人生才会更有价值。这是迈向有意义的人生的第一步。”

用什么来证明人存在的价值，这是一个争议了很久的命题。在这个世界上，能够证明自己价值的人会得到关注。有人憧憬他们，也有人因此而自卑，甚至开始贬低自己。但是，只有成为特别的人才有价值吗？我们如何对待自己，如何定义自己，不才应该是衡量自己价值的出发点吗？

如果你知道自己所珍视的是什么，知道自己有价值的是什么，那么去追求它就好了。

Part 2

修正关于自尊心的荒谬剧本

不要被身边人的评价所左右

我在下定决心每个月要赚 100 万韩币时，没有告诉身边的任何人。因为我觉得他们会评判并且嘲笑我的现状。我在下定决心之后一两年的时间里达了标。我认为别人所说的话不过是主观的建议，并不会使我动摇，这是我的特性之一。

在我读高中的时候，有一些同学抱着“我们学校校风不好”“学这些东西有什么用呢”的想法，在上课时间睡觉，荒废了自己的学业。当时，学校里早早放弃学业的人要比专心学习的学生多上许多。因为大家对自己所处的环境都持有一种否定的态度，所以很多学生认为自己的人生是没有希望的。在这种氛围下，独自阅读自我启发类书籍的我被看作是异类。在我刚升入大学的时候也是如此。虽然我中间曾经休学，但仍然会在容易贪玩的年纪独自到图书馆看书、写作，在别的同学眼里我是一个迂腐的人。

当初在便利店一边打工一边写东西的我，如果因为那些轻视的目光而感到气馁，并被其束缚而没有发表自己的文章，那么就没有今天的我。周围人认为我的事业、梦想、目标不可能实现，但这只不过是别人主观的臆测罢了。看其所知，不看其所见。别人几乎不可能准确地知道你脑海中描绘的画面。所以，要学会适当地把别人的话当作耳旁风。

学会适可而止

从几年前开始，人们开始更加关注“悠闲地生活”。所谓“悠闲地生活”，是指维持工作和生活的平衡，不过分努力的生活态度。虽然每个人对于这种生活方式的接受程度不同，但如果是有严重的完美主义倾向，或者有强迫症的人，时常把“适可而止”挂在心上，或许也是一种不错的选择。这里所说的“适可而止”与自暴自弃、得过且过的态度有所区别。我所认为的“适可而止”是考虑到时机的。**该前进的时候前进，该停止的时候停止，对在不同情况下应该采取的态度有综合判断的能力。**

无法恋爱的人的特征之一是不会看眼色行事，这一点并不局限于恋爱。没有眼色的人不会懂得适可而止。我们除了要竭尽全力去爱一个人，专心去做那些自己热爱的事情之外，有时候也需要停下来，悠然地看一看身边的风景。没必要对什么过于执着。**幸福的人是懂得放下的人，正因为如此，他们才不会遇到那些会折磨自己的事情。**

整理矛盾

我们在独处的时候会产生很多思考。与恋人争吵的瞬间，和朋友闹翻的时刻，或者和同事之间的心理战等与他人之间的冲突，加上社会性的矛盾，各种各样的苦恼和问题会在一天之内折磨我们数十次。在这个时候要注意避免自己走向极端和狭隘。比如，我们没有必要将因为社会结构或者环境造成的无法解决的问题归咎于自己的不成熟。反过来，由于自己造成的错误遭受了合理的批评，却又因此责怪别人，回避责任，那么也会阻碍自己走向成熟。

独处是进行复盘和自省的时光。比起去判断对错，这段时间更适合整理自己复杂的想法。虽然人际关系也很重要，但我和“我”之间的关系更加重要。希望大家不要害怕孤独，因为每个人都需要学会独处。独处，并不仅仅意味着孤独。它可以让你感到舒适，获得安慰，也可以增强进取心。在这个过程中，自尊心会自然而然地得到提升。

找回丢失的自尊

无论是家庭、学校还是职场，都没有教给我们自尊的准确定义。我们在所处的现实——这一复杂的环境之中，并不能很容易地建立起自尊。无论我们是否情愿，我们都是在经历了碰撞之后的破碎，才找到了自尊。相遇、爱、离别，我们在各种情境中受到伤害，从而得到成长；在多次试错之后发现自己的价值，从而为了成为更好的自己而努力。同时我们也明白了一点——我们曾经对自己的评价只不过是在反映他人的标准或者他人的看法。

我们没有必要反复追问自己的优点有哪些从而去鞭策

自己。试着把对自己积极的看法都写在笔记本上吧——即便是很小的细节也可以。从别人那里得到的称赞，因为不好意思所以偷偷做下的善行，把那些自己认为“这些是任何人都能做的事情”也写下来吧。毫无依据的自信虽然会成为鲁莽，但是如果能够有事实作为支撑，就不会因为别人的评价让自己的自尊心崩塌。

如何面对负面情绪

小时候我们通过教科书学习了国语、数学等学科。而如何与朋友和睦相处这个命题，我们是从长辈身上学习到的。但我们并没有从他们身上学到如何解决人际关系的矛盾，在遭受了愤怒和悲伤之后应该如何安抚自己。心理学家伊尔斯·桑德在《敏感得刚刚好》一书中指出：**嫉妒这一情感可以发现内心的缺失，发现被压抑的渴望。但我们在日常生活中无法轻易获得类似的对于情感的解释，只有通过阅读和演讲才能明白这些。**

我们的情感并不完美，这是很正常的事情。或许你正在为了消化负面情绪而偷偷流泪。所以我们最好可以单独抽出一些时间来，去缓解那些一时无法控制的情绪。我们可以选择把笔记本当作情绪垃圾桶，在纸上吐露自己的心声，或者向会认真倾听自己的人去倾诉。就这样，可以采取任何方式一点一点地抚平自己的情绪。

然后我们要去客观地观察自己的情绪，并且去努力地控制它。伊尔斯·桑德认为，愤怒、高兴、悲伤只是我们众多情感类型中的一小部分，它们并不能代表我们。也就是说，情感与自我是分离的。如果不知道自己拥有哪些情感，可以在负面情绪爆发的时候，在笔记本上详细记录下自己的心理状态。忧心、怀疑、憎恶、嫉妒、烦躁、不安等，将这些情感清晰地整理出来的同时，也可以让自己的情绪得到缓解。这样我们就能够更加客观地把握自己的情感。

当情绪突然涌上来时

有时候我们原本好好的，却突然冒出“现在的幸福总有一天会消失吧”“我是不是在努力抓住一些总有一天会消失的东西呢”这样的想法。对疲于生活的我们而言，所谓的希望就是总有一天痛苦会结束。所以即便生活艰难，只要想到在遥远的将来会变得幸福，也就坚持了下来。我们或许会殷切地盼望，“拜托，能让我换一个环境就好了”，以此来逃避现实。因为当我们面对爱情和友情，以及其他想要尝试的事物的时候，期待越大，失望就越大。所谓的希望到底有什么用处呢？我经常这样悲观地想。

尽管如此，我还是决定让自己活在当下。只要活着，哪怕只有一瞬间——总归会享受到幸福的滋味。虽然想要找到幸福并不容易，但是我知道，我与幸福的距离比想象的要近。**我不会让过去的记忆牵绊住自己，也不会用现在的生活去担保那个不确定的未来。**

低自尊和高自尊的人物特征

自尊心较强和自尊心较弱的人会各自拥有一些特征吗？其实不然。我认为没有必要用学术用语对人进行分类。网上流传的“自尊心强的人有 7 个特征”一类的文章内容过于抽象。如果文章传达出来的信息不够准确，就容易产生多种解释，让人接收到错误的信息，并且将自己束缚在错误的信息之中，从而对自己产生一种扭曲的认知。倒不如来做一个简单的测试。

“你是一个毫无用处的人。”

听到这句话你的感觉如何？如果你觉得自己有些受伤，

那么就证明你并不认为自己是一个毫无用处的人。你心中认为自己可以做得很好，哪怕这种想法很微弱。

职场人士每天早上辛苦地从床上爬起来去上班，学生每天学习到深夜，一些生产人员、乘务员或者在便利店打工的大学生公休日也在工作，**每个人都在坚守着自己的位置，发挥着自己的作用。**为了攒学费而打工的大学生没必要去羡慕职场人士。同样，职场人士也没必要去羡慕只要下定决心随时就可以去旅行的大学生。

在人生这场马拉松上，如果你总是关注别人跑步的路线，就无法安心在自己的跑道上向前奔跑。反正每个人都要自己奔跑在前行的道路上，我们总归会与别人相距得越来越远。所以只要想着跑完自己的路程就可以了。我们可以在中途休息，可以奔跑，也可以慢慢地走。如果被错误信息误导，去迎合某个人制定的标准，终究只会束缚自己的双脚。

听到“加油”，可以不做回应

当你感到辛苦、疲惫的时候，周围的人为了激励你，会说出各种鼓励的话。

“已经快到终点了！再坚持一下！”

“年轻的时候就应该多吃苦的。”

或许他们认为即便是没有力气继续跑下去的人，只要停下来喝口水就可以继续奔跑，所以才抱有期待，说出这些话来。

当然，如果是在朝着一个固定的目的地前行，那么“再坚持一下”这句话的确会带给人很大的激励。但现实情况并不是这样，我们常常看不到目的地在何处。“再坚持一下”就一定能迎来完美的结局——只会发生在童话故事里。所以当有人对你说这些话时，你可以不做任何回应。他们有选择是否要用言语去激励你的自由，而你也有选择是否要听从这句话的自由。

让时间拥有意义

有些人一小时的价值是最低时薪，而有些人的一小时则价值几亿韩元。但是，抛开这种经济原理，无论你在哪里，无论你做什么工作，我们所拥有的时间——一天、一个月、一年，对任何人来说都是公平的。所以我们要懂得珍惜自己所拥有的时间。

也许有人为了缓解你的不安，会告诉你得过且过，或者不要拼尽全力。但是，如果你不想一辈子都在休息中度过，就不要让自己的时间变得毫无意义。哪怕只是单纯的娱乐，只要能够带给自己快乐，就去尽情地享受吧。抱着留下珍贵记忆的想法去玩乐吧。所谓无意义，是指一种模棱两可的状态。如果你觉得自己今天好像什么都没有做，那么就在天黑之前到小区里去散散步，做做运动，或者翻开一本自己想看的书，或者打电话问候朋友。既然自己的时间不能兑换成金钱，那就去想一想怎样使用时间才会更有意义，也会对人生有帮助。

时间虽然不像水一样会干涸，但最终也会流逝。当我们知道在这个世界上没有什么是永恒的，就会懂得这句话的含义。当我们把有限的时间汇聚在一起，人生形态得以完善的瞬间——如果想要享受满足而不是品尝后悔，就要费尽心思拼凑属于自己的人生拼图。

隐藏在“没关系”里的心事

我在听音乐时，虽然也会欣赏曲调和旋律，但更关注歌词。特别是歌手李夏怡的《叹息》，给我留下了深刻的印象。给大家介绍一下打动我内心的《叹息》中的部分歌词。

是谁的叹息，那沉重的呼吸

我要如何去揣测呢

你的一声叹息，虽然无法理解那深层之意

但没关系，我来给你拥抱

不焦虑 | 不躺平 | 不内卷

今天休息一下

〔韩〕孙力灿 著
孟锐涵 译

这首歌的MV中出现的都是和我们身边的人一样平凡的人群。他们都是某个人珍贵的子女或父母。他们为了掩饰自己的痛苦，戴着面具对亲近的人说“没关系”。实际上他们并非真的“没关系”，痛苦和悲伤已经涌上了他们的心头。但因为他们从未将自己的悲伤说出口，所以并没有人真正理解他们的悲伤。也许因为他们已经习惯说“没关系”，所以即便是在只有一个人的时候，也会叹着气说“没关系”，但他们的内心早已被严重灼伤。

我很少使用“加油”和“没关系吧”这两句话。我通常会等待对方开口，如果对方开口我就认真倾听，如果对方沉默我就等待他开口。因为我不知道对方之所以不愿吐露心声，是不是因为不想让别人看到自己内心的一片狼藉。我不会问对方累不累，而是会说“我可以随时给你一个拥抱”。这也是在不越界的情况下，传达给对方一个可以随时在自己这里休息的信号。

即使对方对你倾诉衷肠，也不要随意下判断或者给予忠告。有一句话说“听话要听完”。在他倾诉之前，要冷静地等待。

在对方吐露真心之前，我们所能做的事情就是进行共情和表示安慰，还有向疲惫的他致一声问候：“发生什么事了？”

无悔的选择

人生是B（Birth 生）和D（Death 死亡）之间的C（Choice 选择）。

——让·保罗·萨特

从出生到死亡，人们在持续地做着选择题：要抱有怎样的观念活下去，为了这种生活要学习哪些知识，从事怎样的工作，会和什么人恋爱，和谁成为朋友，有哪些爱好。我们要学会思考并决定这一切。

按照别人的要求和期待去生活，最终只会留下后悔和怨恨。因为被动的人甚至没有做好思想准备去承担后果。而主动的选择即便短期内会让自己生活艰难，但终究是为了自己而选择的路。如果能够自行决定自己的人生，那么至少不会留下悔恨。**对于自己想做出的选择有多恳切，决定了行动时会有多积极。**即便自己的行为在他人眼中显得有些自私，但如果想要活出自己的人生，就要鼓起勇气才行。

每天至少有一次积极的想法

时隔许久，我与高中同学重逢。原本他每个月赚 100 万韩元都十分勉强，在短短半年之后，就成了月收入 2000 万韩元的企业家。我询问他是如何做到的。他回答说，其实为了做到现在这一步他花费了 10 年的时间。如果把在父母的逼迫之下走上一条自己不喜欢的路的时间，为了筹备事业而学习的时间，攒钱的时间，以及彷徨的时间都算进去，大概是 10 年的漫长岁月。他充满自信地说，达到目标销售额只不过是一个开始，之后才是正式表演。

我认真地倾听了朋友实现目标的过程，他讲得非常生动也非常具体。朋友完全满足了我的好奇心，把自己实现梦想的过程描绘得如同电影场面一般。我们结束了谈话之后，他说，如果他之后需要写自传，想要寻求我的帮助。我回答说，没有我的帮助你应该也可以做到。我还补充道，你只需把自己所讲的故事内容写下来就可以了。

听了朋友的故事，我感觉到成功人士的特征是知道自己前进的方向，并且会观察自己目前到达了哪种阶段。他每天在上班之前，会去同行业中排名最高的竞争企业考察，并下定决心要做得更好。虽然目前与竞争企业的规模相比，他的事业还算处于起步阶段，但是他为自己实现了第一阶段的目标而感到开心。作为朋友，我也从中受到了鼓舞。我再次意识到，想要实现梦想，不能只用大脑去想，而要做出具体的实施方案和接受反馈。

人在一天之中会产生非常多的想法。其中消极的想法出现的概率比积极的想法出现的概率要高，人在一天中会有数十次被困于消极的想法之中。这是由于人的大脑对于消极因素的反应比对积极因素的反应更大。从原始时代开始，人们就一直在应对生存的威胁。也许现代人经常被杂念所困扰，无法持续进行有价值的思考就是这个原因所致。

想要摆脱这种状况，让自己成为情感的主体，就要有意识地去拥抱一些积极的想法。最简单的方法就是背诵或者抄写适合自己的文句，并将之强化为信念。我在想，我的那位企业家朋友之所以能够取得成功的原因，不正是因为想要超越业界头部企业的想法在自己的脑海中根深蒂固吗？即便周围人觉得他会失败，他依然会认为自己能够完成目标。因为他每天都在想着自己的目标，所以才能最终实现梦想。

随着年龄的增长我明白的8件事

1. 能成为真正朋友的人其实并不多。

在你人生得意时，会有很多朋友围绕在你身边；但在你失意时，只有很少的朋友会陪伴你左右。开心、伤心、成功、失败，共同经历过这些的人才是真正的朋友。

2. 可以按照自己喜欢的方式去生活，但是要对此负起责任。

自由自在的生活虽然美好，但要记得为自己的人生负责。这一态度决定了一个人是否成熟。

3. 失败如同成功一样重要。

没有人会不经历挫折就成功。大部分的人都是经历了多次的失败之后才获得了成功。

4. 父母在世的时候，对他们好一些。

在 20 岁刚出头的时候，我相信父母的身体很硬朗。但是我年长一岁，与父母老了一岁是有所区别的。我每年都能感受到父母的衰老。趁现在还在父母身边，一起去旅行吧！

5. 有话可以直说，但是不要无礼。

没有礼貌和坦率是不一样的。没有礼貌是不顾对方的感受，不分时机地随意发表言论。坦率是在出现问题时，根据情况需要，表露自己的内心。

6. 没有必要爱所有人，也不要去憎恨所有人。

我到现在才明白，抱怨别人就是在浪费自己的人生。

7. 不要反复咀嚼过去，后悔一次就够了。

反复后悔会让自己的人生变得不幸，会丧失干劲儿，沉浸在忧郁当中。

聚焦当下，才能把握自己的幸福，才能期待明天会更好。

8. 想要减少伤害，就要改掉习惯于赋予每件事情以意义的习惯。

我们最初的伤害可能是由于他人的言语或者行为造成的，但是如果我们不断赋予这次伤害以意义，沉浸在伤害之中，那么就会给自己造成二次伤害。

摆脱那些让自己变得痛苦的东西，去变得自由吧。从那些让自己痛苦的言语、人、环境等一切中摆脱出来，冷静地切断与它们之间的联系吧！

自我贬低与自谦的区别

我认为谦虚在生活中算是一种美德。随着人权和人对社会现实感受能力的日益提高，所有的东西都开始被共享。如果过于谨慎小心，习惯性地说“我不行……”，会怎么样呢？自我贬低与自谦完全不同。所谓谦虚，是指不对自己的实力进行包装或者夸张，不断地用客观的态度来看待自己。**懂得客观看待自己的人，会承认“自己”与“他人”的不同，从而尊重他人。**

贬低自己则意味着自己主动降低自己的价值。其实即便你不去做某件事情，也会有人随意地评价你、挑你的毛病。

然而你却首先否定了自己的价值。你明明知道言语带给人的影响力有多大，为什么还要把时间花在贬低自己的行为上呢。如果你习惯性地谈论自己的不足，那么请记住爱默生的一句话：

别人会以你对自己的描述为基础来对你进行评价。无论你是否愿意接受，你的每一句话都是在别人面前为自己勾勒出一幅抽象画。

人不会轻易发生改变。但是通过改变说话的习惯，就可以让自己走向与现在完全不同的方向。希望大家可以看得长远一些，养成对自己进行肯定性描述的习惯。

在情绪混乱时保持自我

有时候我们会觉得自己精神不正常。在这些时候，当我们面对别人，不知不觉会表现出双重性。例如，本来生活过得很安稳，却会因为一点儿小事生气。白天还好端端的，只要到了晚上就开始以泪洗面。但是我们不能向别人随意透露自己的这种状态。因为如果别人无条件地安慰你“没关系”，或者为了开解你，说没什么好担心的，对你都不会有任何帮助。

我认为仅靠积极的态度并不能解决所有的问题。在处于高考、资格证考试、就业等人生的各种关口时迎接挑战后失败而归，与相爱的人分离感到心痛如割，被信赖的朋友背叛等等，我们曾经的期待都变成了伤痕，其中的苦楚只能自己品味。在这个世界上充满了随时可能动摇自己情感的事情，这些事端和意外伺机敲打我们，然后带着消极的情绪突然降临。

即便如此，我也在为了维持自己本来的面目而努力。保持自我并不是说采取一种自私的生活态度，而是指我们虽然可以尊重他人，但人生需要自己来做出选择。只是做出选择造成的后果也要自己来承担。在直面现实之后，淡然地接受结果，这些都包含在保持自我的范围之内。

保持距离并不仅仅适用于人际关系，我们还要与支配自己身体的负面情绪保持距离。维持好我们与情感之间的平行线，就会遇到能够找回自我的安定点。

接纳忧郁，才能摆脱忧郁

当一个人取得了一定的社会地位，克服了一些困难，或者从艰苦的环境中摆脱了出来，他会教导那些对生活感到吃力的人要乐观地生活。

“不要太忧伤了，一切都取决于你的决心。”

“你可以做到的，你是完全有可能的。”

这些话确实有道理。但是听到这些话的人会觉得自己的痛苦被全盘否定了，从而感到不愉快，这也是无可奈何的事情。无论别人如何亲切地安慰自己，只要是这些催眠性的话，都会令人感到厌烦。

我在接受咨询的时候常说“如果感到忧郁，即便是陷了进去，也是可以出来的”。有些事情虽然在别人看来不值一提，但确实会让你感到伤心，这也是无可奈何的事情。人常常会在不知情的情况下受到伤害。所以接受忧郁、承认忧郁并不是一种错误的选择。

有些人能够很好地宽慰别人，但是他们中的很多人并不懂得自我安慰。这类人的特征是对自己有着很高的要求，时刻警惕自己不要去犯错误。他们知道自己哪里需要改善，能够发现自己的问题，想要成为更好的人。这种姿态是好的，但是从长远来看，过分的严格要求终有一日会搞垮自己。对于自己的失误越敏感，就越会赋予它过多的意义，从而不断地让自己受伤，痛苦会无休无止。消极的经验积累得越多，越会让自己失去摆脱困境的意志。所以，有时候要学会向自己伸出温暖的手。

伊尔斯·桑德的《敏感得刚刚好》一书中介绍了进行自我安慰的方法。

你要成为自己的完美父母。在自己感到痛苦的时候，对自己说："心爱的伊尔斯啊，所有的事情都没有按照你期待的那样去发展，你觉得很难过吧。你为了达到目的真的很努力了，真的付出了所有真心。"然后详细地描绘出你想要的东西是什么。这个时候你会情不自禁地想要流泪——这是表达悲伤和难过的泪水。等你哭过一段时间之后，就要做好准备送走那些自己曾经想要得到的东西。就像我们很难放弃尚未完成的东西一样，送走那些没能建立起亲密关系的人，那些自己盼望已久的东西，会让我们更加痛苦。

如果能够承担起父母的角色照顾自己的痛苦和伤痛，那么就能够很容易地从忧郁的情感中摆脱出来了。

跌倒了也没关系，最终都会站起来的

如果跑步的时候没有打起精神，那么无论是谁都会摔倒。所以希望大家不要对此过度忧心。人生的胜负并不是由一次的摔倒所决定的。人生并不是百米冲刺，而是一场长距离的马拉松，稍稍落后并不意味着一切都结束了。如果能够像已经预见到失败那样去接受它，最终如果是自己不满意的结果，也会更加淡然。即便失败也没关系，正因为有了这些失败，成功的价值才会飞跃式地上升。**如果不能马上爬起来，那就在跌倒的地方尽情哭泣吧。**

每当我看到有人提起自己的过去就是一副漫不经心的样子，我就会感到有些难过。因为他的过往应该没有那么轻松。

所以让我们来约定一件事情吧！

当我们之后回顾往昔时，不要轻视自己今天流下的眼泪。

Part 3

充满泪水和后悔的爱，让我变得成熟

不要去改造别人

如果想要去爱，那就要做好受伤的准备。因为爱伴随着责任和义务。直到分手之前只能去关注一个人，要全盘接受对方的一切，这是义务。

刚刚坠入爱河的人相信他们一生都可以做到这些，但随着时间的流逝，曾经没能发现的对方的缺点会逐渐映入眼帘，因为对方不是自己期待的样子而感到失望，从而根据自己的喜好对对方进行改造。

“人并不是用来改造的”，意思是说我们要去爱对方原本的样子。如果稍有不顺心就把对方当作机器一样来进行改造，那么这种爱情关系从开始系第一颗纽扣的时候就错了。全盘接受对方，才是真正的爱。我们要记住这一点，为了守护爱情而努力。

你的存在本身就是莫大的安慰

我有段时间会通过 SNS 接受咨询。很多人向我倾诉了各种各样的烦恼，家庭问题、职业问题、婚姻问题等，其中让我印象最深刻的有这样一个例子：一位女性说，对于那些正在遭受苦难的，对自己来说很珍贵的人，她能做到的只能是形式上的安慰，这一点让她感到十分伤心。等到她说出了自己的故事之后，她好像下定了很大的决心一样对我说："我想让对方从自己的安慰之中获得帮助，希望自己的安慰能带给对方力量。即便是物质上的帮助也可以，只要是我能做的，我都想要去做。"

她充满了真情的话语，为男友献身的样子让我十分感动，所以我也给予了她真诚的回答。抱着或许能够给有着相似苦恼的人带来帮助的心态，我把它写了下来：

你想要带给他力量这一点，对于男性而言已经是莫大的安慰。我不知道你们二人是否明白这份心意有多么珍贵。希望有这份心意的人一直不会改变，也希望接受这份心意的人能够一直拥有一颗感恩的心。

如果你还想问我应该怎么做，那我就提个建议，你们可以各自写信给对方。文字可以表达你们没能用语言表达出来的内心，最重要的是可以过段时间拿出来读一读。

如果觉得写东西比较困难，可以去看一看别人的散文或者看一些治愈性的句子，然后向对方分享自己的感想。即便是同一篇文章，彼此之间感受到的温度肯定也会有所不同。

如果看过这些文章之后男生依然觉得生活艰难，那就用女性独有的温暖笔触去安抚男生的内心吧。你们一定可以挺过去的。

发现对方的珍贵

当你到达了约定地点，在无数人当中一眼就认出对方；当你在吵闹的咖啡厅里，集中精力聊天的时候；当你在工作忙得不可开交时和对方用社交软件开着两人之间的玩笑，这些都是在恋爱时让我们面露笑容的珍贵画面。但是当我们习惯了日复一日的相见，不再珍惜对方，倦怠就开始了。

如果为了克服倦怠期，专注于纪念日等特殊的瞬间，很容易感到厌烦。所以希望大家在平时就不要丢掉紧张感，养成从多个角度重新审视恋人的习惯。想象无法预测的未来会让人感到不安，但如果此刻专注于身边的人，珍惜眼前人，即便只是微不足道的回忆，只要真诚地去对待，那么在遥远的未来，这份回忆也会变得鲜明而又有力量，成为联系两个人的坚固纽带。再回想一下过去，再表达一下自己的心意吧，快去做吧！

为何无法隐藏失落

“我虽然理解，但依然很失落。”

你曾经对恋人说过，或者听到恋人说过这句话吗？如果因为喜欢对方而失落，那么就意味着你过于压抑自己的情感了。感到失落的人为了解开情感上的郁结，渴望向对方表达爱意，提高两人之间互动的频率。如果这种感到缺失的状态不能得到缓解，那么消极的想法就会越来越严重，而为了缓和两人的关系而做出的努力就会成为一种偏执。

如果爱一个人的心意过于强烈，就会无法掩饰失落。我并不是在指责这一点。可能在你看来，恋人是在因为一些鸡毛蒜皮的小事而伤心，但**当一个人爱上了另一个人，他就会变成小孩子。**在这个过程中，本应该平等的恋爱关系，就变成了甲方与乙方之间的权利关系，其中处于劣势的一方在恋爱中无限纠缠——看起来就像是一个人在单恋另外一个人。只有那个在纠缠的人会战战兢兢，甚至会因为自己想要追问对方“为什么不理解我的心”而感到羞愧。有人说，既然如此痛苦，那就选择不要纠缠不就好了。但是对于陷入爱情的人而言，这是他不得已的选择。在他感到自己要放下这种单恋时，他就不会再感到失落了。

如何放下执着

我们周边总会有那么一两个人会放不下对恋人的执念。如果没有，或许你就是这样的人。当然，我并不是说这种执念是不好的。执着可以带给一段关系紧张感，因为想着对方、担心对方、为对方费心都是确认相爱的要素。但是我想说的执着是一种程度更深的执念。因为所有的关注都集中在对方身上，所以想要知道对方的一举一动，不然就会感到十分不安，这是一种更加偏执的情感。**如果不能放下执念，不仅是自己，连对方也会无法摆脱压力的束缚。**

我们之所以会执迷于对方，是因为对他抱有过度的期待和幻想。有执念的人会在对方不满足自己的要求时，更加执着地纠缠对方。因此，执念都是来自内心的私欲。我们不能把“爱情”和“执迷”混为一谈。对方并不是一个物体，不应该归谁所有。人格不是用金钱可以购买的，也不是用金钱可以交换的。我们的期待与对方的实际情况肯定存在差距。我们要记住，对方和自己一样都是不完美的。虽然最理想的关系是不存在价值观的冲突，眼里只有对方，但想要做到这一点并不容易。**也许执念并不是在束缚对方，而是因为无法放过自己。**希望大家谨记这一点。

对所爱的人残忍

爱情让恋人觉得离开对方自己就会死去，然而一旦面临矛盾，恋人之间又常常会发生无法挽回的突发性事件。有时是以暴力的形式发泄情绪，用言语给对方留下一辈子都无法抹去的伤痕。

我小时候没能得到足够的爱，不知道被爱是一种什么样的感觉。**没有很好地被爱过，又怎么会知道该如何去爱别人呢？**在遇到初恋之前，爱情对我来说就是一种想象。我没想到有一天自己会称别人为“珍爱的人”，也没想过自己会用温柔的语调对某人轻声说“好漂亮”。关键是，我只有靠近爱情的勇气，却不拥有承载爱情的容器。那时我第一次知道了要全盘接受对方真实的样子多么不容易。在这场名为“爱情”的马拉松里，我在刚开始的时候全力奔跑，没过多久就浑身疲惫。

有一次我和她大吵了一架。满腔怒火的我转身离去，把她一个人留在了餐厅。她随后跟了出来，但因为和我隔着一段距离，没能和我说话。我看到了她，依然加快了脚步，朝着地铁站走去。她就像淋了雨的小狗一样可怜。她说着抱歉，却没有勇气来抱我。因为当时是异地恋，原本能见到她的日子就不多，但我还是把她丢下，独自回了家。被心爱的人抛弃，孤独的她当初又是怎样的心情呢？应该是留下了无法抹平的伤口吧。

从那之后，容易情绪化的我总是让她难过，还提过几次分手。每次她都说没关系，但自私的我没能看清她那颗温暖的心。等我意识到自己的错误，一切都已经迟了。在我开始逐渐回归理性的时候，她已经准备好了和我分手。当那一刻发生时，我也假装平静地接受了。就这样，好不容易看到了她，我却又轻易地失去了她。这让我伤心了许久。后来我才知道，她和我见面的时候，应该更加痛苦，更加疲惫吧。

通过爱情走向成熟

和恋人分手一年之后，我曾重新联系过她。再次见面，我们都发生了很大的变化。她原本是会在恋爱时为对方奉献自己的人，所以当初和我在一起的时候，她把心思都放在了我身上，没能好好照顾自己。她之所以是这种性格，或许与她是家中的长女有关，或许与家人对她寄予很大的期待有关。这样的她在和我分手一年之后，学会了好好照顾自己。她笑容明媚地对我说，她顺利考上了自己想读的大学。

而曾经的我，总会轻易说出自己无法兑现的承诺。虽然勇于挑战，然而并无对策。情绪起伏很大，即便是很小的矛盾也会让我的心思动摇。但是，当我发现了自己擅长的事情之后，就没再轻易被击倒过。如果说过去的我拥有的只是一些毫无依据的自信，那么现在的我则开始为自己的自信建立依据。当我养成了每天写文章的习惯之后，我变得能够更加客观地看待自己所处的状况。这样一来，情绪波动就减少了。因为明白了要对自己所说的话负责，我开始变得惜字如金。最重要的是，我努力想要给予对方始终如一的爱。这所有的改变，都是经历了和那个女孩儿的分别之后学到的。当然，人不可能瞬间改变。我们只能努力让自己变得比昨天更优秀一点点。

英国小说家乔治·艾略特有一句名言：**只有离别的痛苦才能让我们知道爱有多深。**与那个女孩儿的相遇和分别，让我走向了进一步的成熟。

我想，或许每个人对于爱情都有痛苦的回忆。我不知道别人会怎么处理这份记忆，而我打算把它安静地埋在过去的时光里。

尽情憎恨，尽情思念

没有人会在爱情来临时就做好放手的准备。两人携手走进漫漫人生路，如果发生不合，就会转身离去，各走各的路。然而即便是回到曾经走过的那条路，曾经深爱的那个人也不在了。撕成两半的记忆无法再被拾起，给对方造成的伤害也无法再挽回。没能好好照顾对方，没能毫无保留地去爱对方，从而犯下了致命的错误，这一切都无法抹去，再后悔也无济于事。所有的记忆都已成定局，只会在人生这本书上留下一个无法改变的印记。

所以你目前遭受的痛苦，是没有办法立刻解决的。把它

当成一场交通事故，就会比较容易理解了。遭遇了交通事故之后，浑身都没了知觉，怎么可能第二天就恢复正常生活呢？只能住院治疗等待伤痛痊愈。这份痛苦也会随着时间的流逝慢慢变淡。如果遇到能够帮助你的朋友，或者沉浸在自己喜欢做的事情当中，会让你更快地度过这段痛苦时光。

如果仍然无法摆脱失落，那就读一读可以带给自己安慰的诗吧。悲伤的文字会带给我们面对别离的勇气。在离别的悲伤变淡之前，希望你能够尽情地憎恨，尽情地思念，就这样一点儿一点儿地安抚自己的伤痛。

直到对你说出分手

直到对你说出分手，我们最终迎来了离别。在此之前，我曾多次试图与你交流。有一次，我病得很重，一整天也没能联系上你。你知道的，我已经病了好几天，却依然没有一通电话，你一点儿都不好奇我在哪里，在做什么。听到我这么说你会辩解吧，会怪我没有直接说出自己的需求，会说我的那些弯弯绕绕怎么听得懂。你一定觉得委屈，为什么我就不能直接一些呢？可是啊，你没资格这么说。因为你原本不是这样的。当初你爱我的时候，我微小的动作和语气的变化都逃不过你的眼睛，你的眼神里充满了担心。

时间不断流逝，你的关心也慢慢消失了踪迹。其实很明显啊。你只是习惯了我在你的身边。你在得到了我的心之后，就把自己的爱收回了啊。相爱只是你的错觉啊。在一起之后就变质的，那不是爱；时间久了就消失的，那不是爱；为了始终如一地对待对方而努力，这才是爱啊。你的改变让我非常失望，反复失望，最后便放弃了。我只是想要一如既往的爱，看来连这一点也是我贪心了。我们在一起越久，感情不但没有随之加深，反倒是伤口一天天变得更深了。

如果，如果我能多理解你一些，你能再多努力一些，会发生什么改变吗？但我现在明白了，我已经尽力了，现在的分别就是我最好的选择。与我这样挑剔的人恋爱，你也辛苦了。祝好！

离别会给人带来巨大伤害的理由

你是一个很好的人，但不是一个好的恋人。分手两周后，我下定决心不会再次因为爱对方、想要配合对方而失去自我。这次我已经竭尽全力去爱了，没有留恋，也没有后悔。我也没有理由因为你的离去而变得卑微。在我爱你的时候，你是特别的。现在我们分开了，你就和别人没有什么区别了。

相爱最重要的就是尽力去爱。你最先考虑到的，常常是你周边的其他人，而不是我。你在闲暇的时候来见我，而我却只能把所有的时间都拿出来配合你。

珍爱的人在一夜之间消失了，刚开始我要疯了，但慢慢平静了下来。你不会知道，被心爱的人无情地抛弃会有多悲惨。但有一点是很明确的，不会再有人像我一样竭尽全力去爱你。我之前如此待你，是因为我珍视你。但现在不同往日了，所以我才能够克服分手的痛苦。至少，以后我不会再因你而心痛、受伤、疲惫。即便我一度曾在夜里哭泣，直到天明。但让自己充分品尝痛苦的滋味，是为了有一天还能再次与人相爱。

也许我的爱情并无特别，我所经历的恋爱、别离，都还在各个角落时刻发生着。但我相信它是特别的，所以受伤更深。原本以为要相伴到永远，最终却迎来了别离，这是大部分人，不，是所有人都在经历的事情。

被熟悉感欺骗而懈怠

曾经接受过这样的咨询。

“我和男友交往一年了，之前一直好好的，现在好像是厌倦了。我想要在晚上不受干涉，自由地出去玩。但是后来遇到的其他人却不能给我像男友一样的安全感……”

这位女性所说的安全感，应该是一种没有时间感受孤独的状态。她刚开始为了缓解孤独而恋爱，现在已经得到了满足。她的 SNS 上有很多粉丝，粉丝都在留言与她互动。所以她已经不再需要男友的帮助了。

周围总有人说“即便相爱，也依然孤独”，他们并不知道自己是因为爱对方，还是为了满足一己私欲才和对方在一起。哲学家阿兰·巴迪欧指出，人们并没有在真正相爱，他把爱情称为两人之间的体验，称为“只有两人的舞台”。这句话是在问我们，当我们在恋爱的时候，在对方身上投入了多少精力。如果除了对方之外，还需要在很多事情上付出精力，那么自然无法做到爱情优先。如果两个人步调一致，尚且无妨。但如果其中一人感到失落，那么这段关系显而易见会走向终结。

人们说，所谓爱情并不是等你处理完了其他事情之后，用剩余的精力去照顾的东西。**如果把对方陪在自己身边看作是一种理所当然，并对此感到厌烦，那么就需要思考一下自己是否被熟悉感所欺骗，遗忘了爱情的珍贵。**

不要把爱的决定权交给别人

“我应该和这个人分手吗？”

“我应该和这个人复合吗？”

坦率地说，每次遇到这种问题，我都会叹上一口气。当然，我理解他们认为旁观者会比当事人更加客观地看待问题。但是在恋爱问题上，无论我提出什么建议，最终当事人都会按照本人的意愿采取行动，所以我不会发表太多的看法。而且，大多情况下，当事人都在忙着罗列对方的缺点，而不是寻求真诚的建议。

如果当事人没有坚定地想要去解决问题，那么对方的缺点就不会得到改正。而且即便对方有想要改正缺点的意愿，但人本来不就是根据自己长久的习惯以及瞬间的情感倾向来采取行动的吗？所以对方需要有时间来进行自我反省，然后走向成熟。如果你在一段感情中过于疲惫，无法再坚持下去，那么我希望你能够仔细想一想：是继续承受伤痛和他恋爱，还是选择分手，哪个选择对你来说更好。如果你没有一个衡量是否要继续在一起的标准，那么只会让你感到痛苦。一般来说，如果恋人与其他异性过于亲密，是很难让人接受的。如果恋人是不小心越了界，还有扭转的余地，两个人可以继续在一起，但如果不是，那就只能分开，各自走不同的路。

复合也是需要深思熟虑的。或许你不是在害怕过去受到的伤害，而是在担心未来会受到伤害，所以才拒绝与对方再次相见。这个思考的过程是很有必要的。不要因为情感的冲动只看到复合的好处，更要有一种觉悟，那就是接受会因为和过去相似的问题再次受到伤害的可能性。如果下定决心继续下去，就应该反思自己是否在这段感情中竭尽了全力，如果你做到了尽心尽力，那么应该自然而然就有了结论。

爱情不是100分就是0分

一个巴掌拍不响，爱情也需要双向奔赴才能长久守护。能够克服倦怠期长期交往的恋人，会在相互的价值观发生冲突或者性格对立的时候，各自后退一步，做到相互理解。在没有做出任何努力去理解对方的情况下，就以性格不合分手，不如坦言说爱已经消失。就算是外表出众、经济能力突出、性格好的人，也会逐渐暴露出缺点。

如果习惯用各种理由提出分手，就有必要回顾一下自己的恋爱模式。如果你在短期内不断恋爱、分手，就要观照一下自己的内心是不是在用经济状况、心理的从容、对前任的迷恋等把自己困住了。

如果不安涌上心头，仿佛要淹没自己，那就专注于爱，将不安压制住。希望你和恋人约定一起战胜不安。只要两个人同心协力，就一定能够化解眼前的不安，也能够战胜未来的不安。竭尽全力去爱，就是抱着坚定的决心共同攻克难关。

有些相遇是命中注定，有些别离是无可奈何

很多人用“命中注定”这个浪漫的词语来形容相遇，却冷笑着说别离是无可奈何的。但事实上，相遇并非命运，分别也并非无奈。**一段缘分的开始和终结都在由你把控，就像开始一段爱情是源自你的选择一样，爱情的终结也是你的个人意志。**

在做出最终选择之前，你要问自己一些问题：想要选择分手的你在恋爱时是否做到了竭尽全力，就这样放手你真的觉得可以接受吗？如果你想要和对方继续交往，那么请问一问自己是否做好了始终如一爱对方的准备。

要做出坚定的选择，并且严格执行。因为在你犹豫的时候，对方或许就做好了独自度过余生的准备，或者感到疲惫不堪做好了转身离去的准备。

爱情将矿石变为宝石

“大家把寻找宝石的过程称为婚姻，会一边梦想着结婚，一边描绘梦中情人的样子。但我认为，所谓的婚姻其实是将矿石变成宝石的过程。看着自己心爱的人变成璀璨的宝石，是一件十分让人开心的事情。而原本作为矿石的自己，也在对方的陪伴下逐渐变成了宝石。如果我们只是去寻求宝石，那么难免会对婚姻失望。”

歌手 Sean 曾在访谈节目《治愈俱乐部》上表达了自己对于婚姻的看法。

在很久之前，大家通过其他综艺都知道他是演艺界的情圣。我偶尔会好奇他的近况，所以会查看相关的报道。有一次他在自己的主页发布了庆祝结婚5000天的文章。他是怎么做到如此努力工作的同时还能不忽视配偶和子女的呢？

Sean在《治愈俱乐部》上说，一般夫妻间有了孩子之后，就会把精力都放在孩子身上，就连夫妻之间吵架大多也是因为孩子的问题。

Sean认为维持幸福婚姻生活的秘诀是**将精力放在彼此身上。**父母之间相亲相爱也会给孩子带来积极的影响。Sean和郑惠英夫妇曾提出的守护爱情的三种方法：

第一，要尊重对方。

第二，善于不断发现对方的优点。

第三，把今天当作人生的最后一天，竭尽全力去爱。

尊重对方，总是善于发现对方的优点，竭尽全力去爱。虽然听起来十分简单，但可能是最正确的答案。

我想遇见这样的人

我想要能够和他分享真心，而不需要他对任何人来说都具有魅力。我想与他分享日常的那些琐碎、趣味。我希望能够陪在自己身边的人是这样的人。当然，这需要我自己首先成为这样的人。

虽然是第一次见面，

但就像认识了很久一样，

我想认识一个让我感到舒适的人。

在我感到不是滋味的那一天，

对于我带有情绪的提问，

即便没能给出我想要的答案，

但依然想要去理解我内心的那个人。

哪怕只是讲一句话也十分慎重的人。

用言语带给人积极影响的人。

会耐心倾听我的人。

偶尔会有一种距离感，

但是为了缩短这份距离，

鼓起勇气向我走近的人。

最重要的是，

因为爱我，

所以需要我的人。

成熟恋爱的6大提示

1. 可以相信对方，但不要轻易原谅背叛。

信任来自肯定对方的视线。与其一边强调对方的缺点，一边提前做好心理防线说“人是不会改变的”，不如以一种开放的心态看待自己的恋人。这样你也不用再战战兢兢地担心害怕。万一对方在获得了信任的前提下，依然犯了错误，那么可以设定自己选择原谅的范围。如果对方的错误超出了这个范围，那么就不要轻易原谅对方，要采取坚决的态度。

2. 养成表达具体内容的习惯。

“好”“不错”等语句是对情感、日常生活的抽象化描述。懂得向对方传达自己的想法，意味着分享爱情的方式也会随之增多。如果能够很好地传达自己今天的心情如何，目前的想法是什么，沟通就会变得更加顺畅。虽然这个方法听起来有些微不足道，但能够有助于增进恋人之间的交流，减少相互之间的矛盾。

3. 成为最好的恋人。

即便是对所有人都很亲切，但如果对自己的恋人不亲切，那又有什么用呢？没有必要成为所有人眼中的好人，只要恋人觉得你好就足够了。

4. 改掉那些应当改掉的毛病。

人不会轻易改变，但是如果你的某个缺点对方实在无法忍受，那么即便需要花费大量时间，也要努力去改正。不要因为自己长久以来都是这样所以拒绝改变。即便无法完全改掉毛病，想要做出改变的努力也会让爱情的寿命得到延长。

5. 要勤于发现对方的变化。

有一些爱情保鲜的方法，像“不要忘记初心”“去表达爱意”等解决方式过于笼统。重要的是如何保持初心，如何表达自己的爱意。我想要说的方法是观察对方的变化，并且对其变化做出反应。发现对方在穿搭、发型上费的心思，微妙的表情变化，就是在关注对方。恋爱初期，对方的一举一动都会牵动着我们全部的神经，我们的眼睛要像这样一直闪烁着专注于对方。

6. 像爱对方那样去爱自己。

希望你在爱情中一直保持自我。无论你多么爱对方，如果习惯于更加关心别人而不是自己，就是在允许别人伤害自己，那么这份爱终将会把你摧毁。人在不爱自己的时候最孤独。如果想要用对他人盲目的爱来弥补自己内心的缺失，那么就像是往无底洞中灌水一样。如果只知道付出自己的爱而不懂得节制，试着把这份爱分出一半给自己吧。像从来没有受到过伤害那样去爱自己，然后就能健康地恋爱，成熟地相爱了。

Part 4

人生是美好的，只是偶尔有点儿糟糕

再次确认，防止失误

我的性格比较着急。换句话说，就是比较冲动。像我这种性格的人行动力会比较强，只要有想法就会立即付诸实践。如果觉得自己需要人际关系，就会毫无顾忌地亲近别人。如果觉得自己在一段关系中独自辛酸，就会毫不留恋地割舍。但我也有感性先于理性、遇事慌张的缺点。即便是设定了目标，向着目标努力前行，也会因为一些纷纷扰扰的想法，分散自己的精力，降低注意力。有时候还会对别人进行误判，诽谤他人。由于性格冲动，一旦慌张我就会无心地开始说谎。

对于这样的我，所需要的难道不就是保持一丝理性、一丝不确认感吗？我们在生活中总会面临需要进行选择的瞬间，我常常会因为自己草率的判断把事情搞砸，过后又为此感到后悔。因此，我现在正在努力养成一个习惯——无论是对人还是对事，只要想了解它的另一面，了解它的内在，都需要付出努力。**不能只根据自己的想法随意对别人评判，也不能为了照顾别人而失去自我。**要在踩到情绪的油门之前，理性地刹一下车。这种习惯是让你能够做出明智选择的第一步。

体力的重要性

体力锻炼可以让我们去做更多的事情。即便是做同样的事情，在体力比较好的情况下，也能够坚持得更久。无论是学习还是与人交往，都能够更加集中精力，等忙完所有的事情之后还能有精力做其他事情。很多健康专家之所以推荐有氧运动，或者建议人们坚持每天步行 30 分钟以上不就是这个原因吗？

另外，精神上的“体力”也十分重要。尤其要重视的是培养应对问题的力量。缺乏勇气的人在遇到问题时大多会装作若无其事、毫不知情。我曾经也属于回避型人格的人，如果遇到了困难，就会选择无视或者逃避。但是现在，即便感到有压力，我也会接受事实，直面问题，并且努力解决问题。因为我意识到这种努力会有助于提升自制力、耐心和判断力。归根结底，直面问题也是为了自己。

无论是身体的力量，还是精神的力量，都可以通过自己的努力得到充分发挥。即便是没有才能的普通人也是如此。因此，如果想要去做更多的事情，如果想要做得更好，就培养自己的体力吧。强大的体力会帮助你成为一个更加卓越的人。

带来幸运的习惯

机会总是留给有准备的人，同时我们也需要培养自己发现机会的眼光。**机会并不会以其真实的面目出现**，所以我们想要发现机会也并不容易。人生说长也长，说短也短，活着活着我就意识到机会总是留给那些积极做出准备的人。想要获得成功，努力固然重要，而最终获得成功的人则是在努力的过程中赢得了机会。所以，当运气到来时，重要的是要有眼光识别出它的真实面目。

红绿灯的存在是为了告诉我们什么时候该走，什么时候该停。在拼命努力工作的时候，也要回想一下自己是否闯了红灯。在停下来喘息的时候，也要确认一下自己是不是错过了绿灯。要习惯于在进行判断之前，花费足够的时间去思考。养成了这样的习惯，自然能够发现更多的机会，抓住机会努力奋斗，就能迎接一个更好的未来。

即使无法每天幸福，也可以每天微笑

我们都知道不应该去追求虚无缥缈的未来，而是要在现在——这一瞬间变得幸福。但想要变得幸福之所以很难，是因为我们把幸福当作了一个抽象的概念去理解。如果现在就能找到让你感到开心的一些事情，那么你走向幸福的脚步就会轻松一些。所以，**与其追求空泛的、渺茫的幸福，不如去关注那些微小的瞬间。**和喜欢的人见面，吃美味的食物，看有趣的书或电影，还有日常生活中的很多瞬间，它们虽然琐碎但十分珍贵，我们却没有发现这一点。如果正在准备高考或者资格证考试，那么就偶尔和朋友相约，一起去平常都是独自前往的读书室吧。和朋友在路上的闲聊会帮你减轻压力。之前自己在照片墙或脸书上看到的有趣内容，也可以通过回帖和朋友一起分享。我们的周围存在很多像这样可以让我们立即获得快乐的事情。如果有人对此嗤之以鼻，认为“幸福难道只是这些东西吗？”，那么我也想要反问，如果连这些小小的幸福都感觉不到，又怎么能够将大的幸福握在手中呢？

在我的认知中，**幸福是那些将微小的满足感积累在一起的时光。**即便感到辛苦、茫然，如果懂得用微笑来缓解压力，那不也是一种幸福吗？幸福的人无论被周围的人如何猜忌、嫉妒、贬低，最终都会重新站起来。即便不用语言表达自己的幸福，也会用心去感受幸福，这种态度会带给人积极的影响。让我们都变得幸福起来吧！

可以期待，但不要失望

所谓期待，就是希望自己想做的事情能够成功。目标明确的人会期待通过努力实现梦想，注重人际关系的人会期待自己付出后能收获回报。普通人即便知道自己的期待只是一种缥缈的希望，但如果没能达成，依然会失望地说“原来这就是现实啊”！

这时候需要警惕的是像“本来嘛，就是不可能的事情”“果然不能相信自己”这样自暴自弃的态度。对于某种事物的期待、渴望是一个人的“理想”。理想就像黑暗中的太阳，指引我们走向光明。但如果我们莽莽撞撞地去靠近它，那么只会被烧得连灰都不剩。所以为了让我们能够不被失落所淹没，最好能够将一种“这样也是有可能的”的轻松态度融入其中，用以缓和面临失败时受到的冲击。

我并不是说要彻底地压抑欲望，或者在自己与别人之间筑立屏障。我们可以做不切实际的梦，可以向不关心自己的人付出真心。但是为了防止自己的期待受挫时心灰意冷，需要做好思想准备。

维持基本生计的同时去迎接挑战吧。抛下一切向前闯的人不是勇敢而是鲁莽。我们应该懂得区分自己能做与不能做的事情，对于自己能力范围以外的事情要学会寻求帮助。没有别人的帮助，任何人都无法获得成功。

另外，为了和他人搞好关系，需要做到相互理解。有必要通过对话把自己的标准与对方的标准进行匹配。我们要意识到，不管我们怎么努力维持一段关系，这段关系都是存在保质期的。

带着一颗理智的头脑，积极地去面对人生吧，只要一步步去实现自己的承诺，理想就会在不知不觉中变成现实。

面对“你好像有点儿敏感”的好言提醒

一提到“敏感的人”，我们的脑海中就会浮现出这样的形象：不易妥协、爱发牢骚，即便是已经入睡也会被隔壁开门的声音惊醒，对于别人并不在意的事情会格外上心。敏感的人常常让人感到疲倦。那么“敏感”一词在词典上的定义是什么呢?

敏感【形容词】

1. 生理上或心理上对外界事物反应很快。

2. 易于引起反应的。

也就是说，敏感的人会迅速感知到微小的变化和信号等，并且对此做出反应。同时也指那些能够迅速投入感情，并且拥有细腻情感的人。敏感的人会在第一时间意识到自己所遇到的问题，并且重视问题。所以他们经常会听到类似“你为什么要把这么鸡毛蒜皮的小事挂在心上”的指责。但这句话实际包含的意思是“敷衍了事就行了，为什么要把气氛搞得这么烦闷”。

其实我们每个人都会在特定的领域变得敏感。我对于写作也是十分敏感的，经常会苦恼要写什么样的文章。当我有了一些特别的经历，我就会去感受这份经历，对它进行分析和判断，然后把自己抽象的想法整理成文章。虽然周围并没有人说过我是一个敏感的人，然而我为了写作特意培养自己的“敏感”，这让我最终成为一名作家。我不太喜欢那些在读书会上用一句“感觉还不错”来描述自己读后感的人。如果聚会的目的只是为了读一本书，那无可厚非。但既然是为了分享不同的想法和灵感而聚集到一起的，那么“还不错”这句极其简单的回答对其他参会人员来说，我认为是不礼貌的。

我再强调一遍，人都是敏感的，而敏感的对象因人而异。只是由于社会将敏感视为一种负面的特征，想要将之摒弃。所以，当你觉得身边某个人比较敏感的时候，请记住你在某个人眼里也是一个敏感的人，然后从容地接受这一事实吧。

对于抑郁症的认知

我曾一度以为，抑郁症是可以通过自身的努力来战胜的。因此曾经我喜欢激励别人。我相信任何人都可以像我一样，治愈自己的创伤，战胜抑郁。我相信写作可以治愈一切创伤。因为很多作家都认为自己通过写作克服了抑郁。

写作就是通过某种方式来表达自己，这对于精神健康大有裨益。但是当我意识到抑郁症是一种精神疾病时，在面对它时我就变得谨慎多了。

根据医学上的定义，抑郁症并不单纯只是一种感觉，而是指“以情绪或心境低落为主要表现的一种疾病，属于精神

心理疾病”。患有抑郁症的人对于生活中的刺激会反应比较迟钝（准确来说是没有活力），或者被消极的情绪所包围。有人说这种感觉就是“不管别人说什么，我感觉好像都是在指责我”。所以抑郁症和大家都曾体会过的“抑郁的感觉”是完全不同的概念。它并不是一时的情绪，而是大脑出现了故障，人很难凭借自己的意志去扭转这种局面。所以抑郁症患者要接受专家的治疗。

患者的家人、朋友、恋人也会起到十分重要的作用。“比你辛苦的人有很多”“你这是态度问题”——绝对不要对抑郁症患者提出这种不以为意的建议。要心平气和地听他们讲话，在能够产生积极影响的范围内为他们提供帮助。

如果我们交换了性别

在 *I Am Not an Easy Man* 这部电影里，女性解开衬衫炫耀腹肌，男性身穿热裤展示自己的性感身材，都被看作是理所当然的事情。电影的主人公达米安由于幼时遭受了精神创伤，所以有着根深蒂固的男权思想。他会开发一个软件，用来记录一年期间与女性上床的次数，并且与下一年的次数进行对比，他是一个令人感到不适的花花公子。但是突然有一天，他发现自己生活的世界完全变了模样，变成了以女性为中心的社会。达米安对此感到不安。过了一段时间之后，他适应了新的社会环境，遇到了自己心爱的女人艾莉·珊卓，甚至约定要一起走进婚姻的殿堂，然而最后他却发现这个女人是已婚者。这就是电影的故事梗概。

让性别发生反转，虽然只是一个比较简单的想法，但非常有效地向我们展示了目前社会上女性正在遭受的不平等和矛盾。电影中有一句台词让我印象深刻。

“是的，我要闭上嘴小心翼翼地活着。你却没有理由需要改变。我们是不一样的。”

这是达米安生活在以女性为中心的社会时对艾莉·珊卓所讲的话。从大男子主义的达米安口中说出这句话，让我们意识到“换位思考”的力量有多么强大。

仅仅在几年前，我还无法理解，为什么女性朋友在深夜回家之后，一定会互相打电话确认对方是否平安到家。但是后来通过各种契机，我意识到：一些在男性看来微不足道的事情，对女性来说并非如此。这部电影让我感受到了女性在生活中承受的重量，也让我忍不住落泪——仿佛堆积在内心的情感突然间爆发了。并且对作为“社会男性”的自己进行了审视。站在既得利益者的角度，很难去体会弱者，或者少数人群的感受，也很难了解自己给社会造成了哪些不利的影响。

我认为所有人都应该从“性别决定角色”的理论中解放出来。为了达到这一点，需要社会成员的共同努力。虽然想要做到这一点并不简单，但我们不能再继续忽视这个问题了。

想去看大海

当我望向大海，仿佛所有的烦恼都被海浪卷走了。当我在水中游泳，我感受到了自由自在。波涛的声音让我感到安定。所以无论是当我的恋人、朋友还是我自己需要安慰的时候，我都会说“一起去看海吧”。

据说人在观察自然的时候，大脑处于休息的状态。所以当我觉得自己需要休息，或者想要让自己专心于写作的时候，我都会去看海。

一个人看海很好，一群人看海也很愉快，现在大海已经成了我的隐匿之处。在我无处可去时，我就会短暂地在海边停留，一边听着打字机的声音，一边安静地等待灵感浮现。大海已经成为我生活中的一部分。

我以为自己一辈子都不会原谅妈妈！

父母在我还未记事的时候就离婚了。很多人常说“为了孩子忍一下”，但这种说法并不适用于我的父母。我小时候对他们离婚感到愤愤不平，所以就自然而然地会埋怨养育我的妈妈。

读小学和中学的时候，我觉得贫困是这个世界上最令人讨厌的事情。我的家里又窄又臭，所以即便我想邀请朋友来家里玩，也不会真的去那样做。朋友们身上的名牌服装和鞋子，更是我想都不敢想的东西。一件价格一万韩元都不到的衣服我会穿上好几年。

让我更加讨厌的是妈妈通过暴力来压制我。我曾为妈妈在众目睽睽之下打我、揪我的头发而感到羞耻。“我要成为一个好的家长……决不能像她一样。”我在心里暗暗下定这样的决心，为了摆脱贫穷的束缚，我执着于变得成功。可能是由于内心十分渴望，所以我考上了自己理想的大学。大学距离我家很远，为了摆脱之前令人厌倦的生活，我开始一个人租房。刚开始我还会收到妈妈提供的生活费，后来不知从何时起就自力更生了。

和妈妈分开住之后，我们之间就没再发生过争吵，我对此十分开心。当时是我生平第一次感到安心。妈妈周期性发来的问候信息我也不怎么回复，似乎仅仅是回复她的短信就会让我回想起过去的生活。在独处的时间里，我把精力都放在了自己身上。我开始通过写作去回顾痛苦的过去，虽然花了一段时间，但多多少少帮我克服了幼年时期的痛苦。

我学会了体谅别人痛苦的方法，也懂得了说一些安慰的话。就在我的怨恨渐渐变淡的时候，我再次见到了妈妈。

妈妈比年轻的时候看起来更虚弱了，脸上和手上都爬满了皱纹。看到我们曾经一起居住的地方现在只剩下妈妈一个人，让我感到很难过。她为了养育我献出了自己的整个青春，怎么会不讨厌我呢？匆匆流逝的岁月对她来说难道不也是很无情的吗？或许我的存在毁了一个女人的一生。有了这种想法之后，我看向妈妈的眼光开始有些不一样了。

我以为自己一辈子都不会原谅妈妈 2

妈妈是在 23 岁时生下的我，这个年龄放在现在，可能还在读大学，可能是一名职场新人，也有可能正处于热恋之中，还是挑战自己梦想的年龄。在如此年轻的时候生下孩子，独自抚养孩子长大，她又是怎样的心境呢？坦率而言，我也不知道。她是会感到心痛呢，还是会出乎意料地平静呢？

妈妈独自养育我，无奈之下将我送到了幼儿园。将年幼的孩子托付给别人会是怎样的心情呢？会不会担心孩子发

生意外，为此坐立不安呢？或者因为能够暂时和令人讨厌的孩子分开而感到轻松呢？

在我长大的过程中，常常会听到妈妈对我说："你小时候本来还挺可爱的……"

或许是因为我在青春期的时候太不听话了，所以妈妈才会这样说。但是面对不听话的我，妈妈还是会塞给我零用钱，告诉我要好好吃饭。她明明身体也不好，没办法好好工作，那些钱又是怎么来的呢。

她的儿子转眼之间长大成人，开始为了获得奖学金而努力学习，为了赚取生活费打工。他平常会在凌晨的时候装卸货，周末的时候会在便利店打夜工。但突然有一天他办理了休学，开始了写作。他的脸上充满了自信，也不知道这是因为什么。据他说已经出版了自己的书籍。但是看到忙着赚钱、为梦想奋斗的儿子，妈妈十分心疼。

她说：“儿子，我要开始一段新的关系吗？这样你就不用这么辛苦了……”

妈妈第一次表现出软弱的样子，让儿子感到不知所措。

于是儿子明白了“女子本弱，为母则刚”这句话是在胡扯。妈妈只是一个普通的女人。听到妈妈的话之后，儿子自信地说：“如果是为钱而担心，那没有必要，我一定会成功的。妈妈想要做的事情马上就可以去做了，不要担心。”

儿子的态度逐渐发生了转变。虽然从妈妈那里受到的伤害还没有完全得到治愈，但他在为了拉近与妈妈的关系而努力。即便是说不出“我爱你”这句话，也会在母亲节的时候送给妈妈一束花，给妈妈一些零用钱。像恋人一样——甚至比恋人更关心儿子的人是妈妈。

妈妈虽然没能做到像别的家长一样照顾孩子，但也尽力做了自己能做到的事情。在我长大成人之前，我们彼此都为对方带来了很多伤害。但我相信我们今后会很幸福。我一定能够做到的。虽然我和妈妈的思考方式有很大差异，但妈妈是最为我考虑的人。

把别人的好意看作理所当然

“当作家真的不错啊，还有时间帮别人解决烦恼。”

我曾经在照片墙的介绍上写了“有烦恼请留言，我会回复”。后来除了真诚的咨询之外，我还收到了不少留言单纯只是在抱怨。而当我看到了“还有时间帮别人解决烦恼”这句话时，我陷入了沉思。我并非因为时间宽裕才回复留言的。我是为了那些读了我上传的文章之后，依然没能解决自己烦恼的人。

我也需要为了谋生而工作、写作，照顾亲友，我的时间也常常不够用。但我依然会通过留言与大家沟通，因为想带给读完文章的人一点点善意。我的回答或许不能立即解决他们的问题，甚至可能对他们一点儿帮助都没有。所以我不会收费。

如果你觉得和对方交谈之后内心变得舒适，会发现这些人都有一个共同点，那就是咽下自己想说的话，倾听对方的声音。想要做到这一点看似简单，其实并不容易。因为大家都有表达自我的欲望，所以希望有人能够倾听自己的故事。强压下这种欲望，心平气和地倾听别人所讲的内容，其实比想象之中还要耗费更多的能量。因此，希望大家不要把对方的倾听看成是一种义务，看成是理所当然的事情。

用语言的力量守护自己

在少则数十人，多则数百万人浏览的SNS空间里写文章，经常会收到一些带有指责性或者攻击性的留言。有一次对方向我提出了一个十分有逻辑的问题，所以我也进行了滴水不漏的反驳。然后对方就开始模糊自己的论点，顾左右而言他。我只能默默地开启了屏蔽功能（当然反过来我也会被屏蔽）。这样的事情发生了不止一两次，所以我现在开始无视这些表示不满、责难的人。如果是批评，我还可以考虑接受，但如果是责难，那么实在没有必要去浪费时间。每当遇到这种情况，我都会提醒自己“不要停止培养词汇能力”，

“不要放弃写作这个可以守护自己的方式”。

即便不是为了应对那些恶意留言，在工作或和朋友沟通时，或者向陌生人陈述自己的主张时，丰富的词汇能力都可以帮助我们准确地传达自己的想法。

人可以被语言击败，也可以凭借语言重新站起来。从这一点来看，写作既可以成为矛，也可以成为盾。我不会畏惧那些讨厌我的人，并因此停止写作。虽然我也会由于别人的攻击而动摇，但绝对不会放弃。

如果对人生感到怀疑

有时我们会毫无缘由地感到空虚、无力。

“我现在真的做得好吗？”

无论我们多么勤于思考，多么想要继续前行，仍然摆脱不了烦闷。我们认为自己虽然取得了一定的成果，但这或许并不是因为自己努力，只是运气比较好选择了适合自己的道路而已。**成功原本就不单单依靠努力，还需要一些运气。**

即便我们费尽心思想要找回自信，但依然可能会觉得自己毫不起眼，觉得自己的样子十分悲惨。人类为了证明自己存在的价值，会不断地竞争和斗争，然而此刻我们却没有一丝力量去这样做。为了成为一个特别的人，我们用尽了力气，结果发现在这个世界上，想要过普通人的生活也很难。

但这个世界也在一点儿一点儿地改变，逐渐开始对个体的故事产生共鸣。越来越多的人用自己独特的哲学和语言对集体产生影响。过去毫无价值的才能开始被广泛消费。那些曾经被无视的人，通过自己独特的想法实现了创新。

虽然世界看起来好像总是在原地踏步，但是当我们去仔细观察就会发现世界在一点点改变。而在这些变化之中，我们就能够找到活下去的方法。**如果你感觉自己处于停滞不前的状态，或者觉得自己只是在跟随别人的脚步，那么请暂时停下来，留出时间让自己去思考。你之所以持续感到无力、忧郁，或许是因为那些经过岁月的洗涤才能显露出其珍贵的东西被你遗失了。**

人生是一个潘多拉盒子

通常当我们发现了禁忌的秘密，或者发现了恐怖的真相，就可以说“打开了潘多拉的盒子”。被大众熟知的“潘多拉盒子”在希腊神话中是指装满了欲望、猜忌、嫉妒、悲伤、厌恶等负面情绪的禁忌之盒。因为盒子被打开，世上所有的负面情绪就会散布开来。最后，留在盒子里的就是希望。人生也是如此，虽然我们在生活中会遭遇数不清的困难和痛苦，但是希望会一直留在我们心中的某个角落。希望是人生的指南针，告诉我们前行的方向。

小时候在日本，父母离婚之后，我在家庭中没能被视为一个人来尊重。由于缺爱，我常常想要通过友情填补这一缺失，却总是受到伤害。因为一直搬家，我也没能和朋友建立起很深的友谊。后来在我 12 岁回到韩国之前，我在日本的最后一个朋友紧紧握住了我的手——那双与他人之间仍然存在隔阂的手。我问他为什么如此照顾我，他回答说："因为是朋友啊，难道还需要其他理由吗？"那一瞬间，我觉得自己今后的人生拼图中有一块被拼上了。

回到韩国之后，我最先学会了骂人。因为脏话总是伴随我左右。读初中的时候，我不断地在想，如果我死了是不是就不这么痛苦了？早上醒过来，这种想法就会暂时消失。但是整个白天依然会被这种想法折磨，等到了晚上又开始有了想要自杀的冲动。初中时期，或许已经流下了我人生一半的眼泪吧。

读了高中之后，虽然我的心态依然不好，但萌发了想要

做些什么的想法。我想要摆脱贫困，想要获得成功，依靠这种信念我一天天坚持了下来。我一边送报纸筹课时费，一边上实用音乐的补习班。我想要从事与情感表达相关的工作，后来发现音乐正符合我的诉求。所以在那一年，每天放学之后我就会去补习班。到了晚上，一边吃着价格为 500 韩元的泡面和三角紫菜包饭，一边在脑海中描绘自己的梦想。

但是在高三那年，我不得不与现实妥协。我的歌唱能力并没有得到太大的提升，所以我放弃了考入实用音乐系的目标。后来为了充实自己的生活记录簿，我投身于校内活动。为了写读书鉴赏大会的读后感，迫不得已读了一些书，从中学到了一些学校没有教给我们的知识。

虽然我没有请过名牌大学的高才生做家教，但读伟人们的故事，也能学到人生道理。我在 20 多岁的时候，有一半的时间都是自己一个人，当时甚至还会被称为作家。在写作初期，我希望自己的文字能够带给他人力量，带给大家积极的影响。现在则希望自己的文字能够引起别人的共鸣，带给人安慰。比起希望读者被我的价值观所影响，我更希望自己的想法能在他们进行选择时为他们提供参考。

其实直到现在我都难以置信，曾经连教科书都不愿意看的我，甚至连一些基本拼写方法都搞不清的我，竟然能够成为作家，这一事实本身就让人十分惊讶。如果我的人生在中学时期结束，那么会是一个阴郁、残酷的故事。而在这之后便是一个完全不同的故事。或许，时至今日，还是会有人像曾经的我一样，希望自己没有降临到这个世上。但是等你度过艰难的时期，到达目的地之后，就会迎来灿烂的收获。

虽然我的人生还没有过半，但我会一直坚持走下去。无论是对待梦想，还是人际关系，任何人刚开始都会怀着一种带有憧憬的好奇心，但是会在过程中经历磨炼，等这一切结束之后，无论我们是否情愿，我们都会失去些什么。但是有一个方法可以保证我们有所收获，那就是从教训中学习人生，只要不停止学习，就不会后悔打开人生这个潘多拉盒子。

为何要观照自己的内心

我们之所以会有大的情绪起伏，无缘无故地忧郁，是因为没能好好地观照自己的内心。如果我们不能随时检查自己的内心状态，就会被时时刻刻上涌的情绪所淹没，从而被外部环境所动摇。有时我们需要拒绝他人的请求，拒绝成为一个好人，原因也在于此。如果过度配合别人，那么就会把自己的情感消磨殆尽，最终变得倦怠。我们可以尽到自己的本分，但要把握住界限，不要勉强自己。

当我们能够不被外物干扰安稳如山，进而清晰地把握住前进的方向时，恐惧就会消失。**我们对未知感到恐惧，**

是因为缺乏对自己的准确认知。由于我们无法理解自己，所以即便是在休息的时候，也总想做些什么缓解不安。如果知道自己要走向何方，知道自己喜欢什么、厌恶什么，知道自己需要什么，就不会在休息的时候感到有压力了。**对懂得观照自己内心的人来说，休息就是重新获取能量的过程。**

推拉欲望

人人都有欲望，欲望可以成为我们认真做某件事的动力，成为我们重复枯燥日常的理由。当人们去追求自己渴望的事物，人生也会变得更有光彩。

然而我们大部分的欲望都是从社会上，或者别人那里学来的。在我们小的时候，萦绕在我们耳边的话语多是关于行为规范的内容——“听爸妈的话”“和朋友好好相处”。等长大成人之后，“拥有一份稳定的工作”“工作稳定后就结婚生子”这些想法又在不断地侵蚀我们。我们不断地和别人比较着外貌，如果自己的外貌脱离了正常范畴就会为此感到自责和痛苦。我们想要拥有像艺人、名人一样令人羡慕的外貌。我们积极认同那些符合社会价值观的人，认为边缘化的人微不足道。

我并不觉得这是一种错误的行为。只是，如果我们的心里在意的都是他人的眼光，那么真正的自己就会缩得越来越小，直至消失。甚至有一天，我们变得不知道自己真正想要的是什么，成了一个只是看起来幸福的人。这样过了几年、几十年之后，后悔的还是自己，而不是别人。

我们可以接纳别人的欲望，但最好也要努力思考自己真正想要的是什么。把生活的主动权交给别人与握在自己手里是不一样的。我们无法时时刻刻成为生活舞台上的主演，但如果能够找到自己想要的，感受它带给我们的意义，那么我们就能成为自己人生的主人公。

人不是在改变，而是在成长

只有机器才能做到不犯同样的失误。如果有人能够改善自己的缺点，给你留下与之前不一样的印象，那么你大概率会改变对他的看法。也就是说你接受了这个人实际的样子，即使这个人的性情并没有发生太大的转变。

就像对别人的缺点表示理解一样，对自己的缺点也要宽容一些。如果自己的缺点会带给别人伤害，那么就要努力改正自己的缺点，但如果因为对自己不满而自责，那么我想说，希望你不要过于在意这一点。

我曾经努力想做一个完美的人，我以为那是人生的正确答案。但是在某个瞬间，我发现自己在强迫对方遵守自己的完美标准时，我感到好像哪里出了问题。

改变，是这个世界上最困难同时又最简单的事情。说它简单，是因为在下定决心做出改变的那一刻，就已经完成一半的转变了。而且重要的是，人虽然无法完全改变，但是经过不断的努力，并且获得一些反馈之后，自然而然会得到成长。所以希望大家不要认为自己的人生是一团糟。只要铭记“我想要成为更好的自己”这一点就好。如果你的心意十分恳切，那么接下来自然会采取相应的行动。

对于旅行的看法

当从旅行回到枯燥的现实，有人会这样想：

“我还不如把这些钱存起来买辆车呢。”

“还不如用这笔钱买件贵的衣服……”

他们计较于自己在旅行上投入的费用，对此感到后悔。但我觉得旅行是一件非常有价值的事情，相信爱好旅行的人也会有同感。

如果只是把旅行看作逃避现实的手段，那它的价值当然不值一提。对于每次旅行回来都会自责的人，我会向你介绍“间隔年（Gap Year）”的概念，所谓的间隔年是指“暂停自己的学业或者目前所做的事情，去做志愿者，去旅行，去考虑未来”。运营“韩国间隔年”团体的安时准在《旅行是最好的学习》一书中提到：**“在旅行的过程中，曾经那个熟悉的我不知去了哪里，进而出现了一个全新的自我。”**他还在很多旅行日志中提到：**“旅行并不是去看另一个世界，而是发现另一个自我。”**旅行带给我们的礼物，是自己还没有被发现的另一面。发现了旅行具有这一价值的人，通过旅行来省察自我，让自己得到发展。在韩国社会，曾经一度刮起过人文学的热潮，如果说人文学是研究人的学问，那么或许旅行就是真正的人文学。

比起在旅游胜地用相机拍摄风景，我更愿意用第三人称的视角在脑海中描绘出自己当时的模样。去体会自己的心情，感受细腻的情感，然后把这些内容具象化，写进文章里。将记录下来的文字和当时拍摄的照片放在一起，之后看到照片就会再现自己当时的感受。会发现“原来我当时是这样想的啊”，从而和自己进行对话。

如果你对未来感到迷茫，或者不知道要去往何方，建议你来一次一个人的旅行。旅行可以成为发现自我的契机，成为回忆，成为激励自己的催化剂。

虽然抱歉，但今天我要休息一下

中国的畅销书作家李尚龙在《你只是看起来很努力》一书中为了说明什么是“休息”，举了某位明星讲师的例子。那位讲师不仅写作，还会演讲、读书，参与各种对外活动，并且仍然能够兼顾本职工作，他一天之内要做的事情特别多。

有一名读者曾问这位惜时如金的讲师：“一个人怎么能够做这么多事情呢？您不休息吗？您是铁人吗？”讲师回答说：“不停地变换工作性质，就是在休息。”然后李尚龙在书中补充道："睡觉并不是真正的休息，转移注意力才是。"

曾经那个充满热情的我非常赞同这句话。但现在我认为，即便处于具备了一切条件的理想环境之中，想要实践这句话的观点依然很难。而且事实上，并没有人 24 小时全程观察李尚龙提到的那个明星讲师，所以很难断定他所说的是否为事实。这种观点难道不就是所谓的"老板语录"吗？

我希望如果有人需要休息或者说出"我要休息"时，在韩国不会有人对他们抱有偏见。不要认为不断工作的人才是踏实肯干的人，也不要认为停止工作的人就是安于现状的人。再怎么不停地努力，如果连方向都不知道，那么奔跑就会失去意义。我们有时候需要停下来休息一下，安慰疲惫的心。我们不是机器，而是有尊严的人。

“虽然很抱歉，但今天我要休息一下。”

希望有一天，无论是谁都可以自然而然地说出这句话，希望社会不会因此对他进行否定。

结语

在电影《死亡诗社》中有一个令人印象深刻的画面。老师在上课时突然站到桌子上，对学生提问："有人知道我为什么站在这里吗？"

老师接着说："是为了从不同的角度来观察这个教室。当你以为自己知道某件事时，你要尝试从另一个角度去看它。要为找到自己的声音而斗争。"

我们生活的世界在不停地运转，我们总会遇到新的问题。意想不到的困难总是让我们惊慌失措，一些经历带给我们无法抚平的伤口。即便独自思索到天明，想出来的对策却仍然无法改变现状，这让我们常常感到无力。

在这种情况下：我们需要转变自己的观点——就像从自己平常坐的位置爬到桌子上一样，在更大的视野范围内进行俯视。即使面对同样的问题，每个人对它的定义和观点都不一样，最终100个人会得出100个正确答案。

希望我的观点能对大家有所帮助。希望当你抱着试试看的心理拿起这本书时，能为自己寻找答案带来一丝灵感。新的想法是从认识到它存在的那一刹那开始产生的。

当你翻开这本书时，无论是在哪里，希望你都能够得到完整的休息。